U0894794

找准目标 做对事

Aim well, do it right.

A Cambridge PhD shows you how to excel in your career

剑桥女博士告诉你如何出类拔萃

胡珉 著

企业管理出版社
ENTERPRISE MANAGEMENT PUBLISHING HOUSE

图书在版编目（CIP）数据

找准目标做对事：剑桥女博士告诉你如何出类拔萃 / 胡珉著．北京：企业管理出版社，2017.3

ISBN 978-7-5164-1478-1

Ⅰ.①找… Ⅱ.①胡… Ⅲ.①成功心理—通俗读物 Ⅳ.① B848.4-49

中国版本图书馆CIP数据核字（2017）第040544号

书　　名：找准目标做对事：剑桥女博士告诉你如何出类拔萃

作　　者：胡　珉

责任编辑：尚元经　李　坚

书　　号：ISBN 978-7-5164-1478-1

出版发行：企业管理出版社

地　　址：北京市海淀区紫竹院南路17号　　　邮编：100048

网　　址：http：//www.emph.cn

电　　话：总编室（010）68701719　发行部（010）68701816

编辑部（010）68414643

电子信箱：qiguan1961@163.com

印　　刷：北京市庆全新光印刷有限公司

经　　销：新华书店

规　　格：147毫米×210毫米　32开本　9.625印张　180千字

版　　次：2017年3月第1版　2017年3月第1次印刷

定　　价：38.00元

作者寄语

老人们常说，一分耕耘就有一分收获。然而很多人的事业和人生却常常是八分耕耘，两分收获，最后也只落得平庸和遗憾。当然，不耕耘肯定是不会有收获的，但并不是耕耘了就一定能得到相应的回报。会耕耘的人，可以将自己努力所换来的回报最大化，并且充分享受这个过程，得到满足感和幸福感。而不会耕耘的人，即便很努力也只是得到有限的收获，并且其间耗尽体力和心力，甚至沉浸在沮丧失意中，忘了享受生活应有的美好。要想得到你所希冀的成功，最重要的不是耕耘多少，而是如何耕耘。正如“磨刀不误砍柴工”的道理，先学会如何耕耘，再加以努力，你才会得到丰厚回报。

这本书会带你经历一段非常重要且令人兴奋的旅程，告诉你真正的成功者和有抱负却失意的人的最大区别。这里有令人惊叹的成功故事，有令人惋惜的苦涩失败，有作者的亲身经历，有对身边毕业于北大、剑桥等名校的优秀人才和在企业打拼事业的人们成长经历的观察，借此向你诠释成功人士之所以能在飞速变化的时代游刃有余的17个关键原因，帮助你的人生和事业百尺竿头更进一步。

在今天的世界，大多数体力劳动和重复性的脑力劳动会被机器和电脑代替，而人类的核心角色将不再是生产和服务，而是围绕着发现、创造和人性展开。在这样的大背景下，职场和商场都会发生一系列巨大的变革。这个过程中，会有赢家，也会有输家。这本书就是要帮助你成为赢家。我们会为你揭示如何通过预见未来和不断重塑自己来保持你的竞争优势。你会学到如何完全掌控你的事业，而不是盲目随大流或被外界的系统所控制。我们还会告诉你为什么勇敢无畏是成功者的必备品质，并教给你快速学习任何新能力的技巧。最后，我们还会谈到关于运气的神秘话题，教你如何让自己变得更好运，抓住更多的机会。

如果你掌握并实践这本书里告诉你的17种思维方式和行为模式，你会在今天竞争激烈、变化飞快的职场和商场中游刃有余，得到属于你自己的成功和幸福。这些能力决定了成功者和平庸者的区别，如果你掌握了，就必然会站在竞争队伍的前列，从自身的耕耘中得到最丰硕的果实。

胡　珉

2017年1月

目 录
CONTENTS

第二部分　做自己的导演

第三部分　如狮子般咆哮

前言

PREFACE

每个有抱负的人都害怕被甩在后面。我们希望被别人看做是成功人士，拥有让别人羡慕、让自己满足的事业和生活，所以我们每天都在极尽所能地“追赶”，常常忙得不可开交。在以前，成功的游戏规则看起来似乎很直接，就是要坚持不懈地努力学习和工作。但是在今天的世界里，跟上时代变化的脚步变得越来越具有挑战性了。我们周围的事物似乎眨眼之间就会发生翻天覆地的变化，过去通往成功的道路可能会瞬间成为一个死胡同。所以在今天，获取成功的游戏规则已经截然不同了。

我们正处于人类社会的又一个关键转型期。和人类历史上其他的转型期一样，成功的定义和获得成功的方法也在相应改变。摆在我们面前的是前所未有的绝佳机会：一个普通人就有可能享受一种完全自由的人生。因为有了互联网和便捷的交通，我们可以选择在任何一个我们喜欢的时间和地点工作，尽情探索这个世界上我们想了解和体验的事物，几乎没有任何限制地追求自己的兴趣和热情。这种以前只有少数精英人士才可以享受到的生活方式，现在很多人甚至在迈出校门之前就可以拥有。

但这种自由的生活方式并不是轻而易举就可以享受到的。快速变化的社会和日新月异的技术使我们被时代抛在后面的风险更大了。现在的很多职业和岗位在今后的二三十年之内就会不复存在，永远成为历史。数码科技不仅仅在飞速取代蓝领阶层所从事的体力劳动，很多白领的工作也将逐渐被电脑和人工智能代替。一些曾经被认为坚不可摧的大型企业正在被汹涌而来的变化逐渐摧毁。生产力的快速提升和信息的爆炸式增长正在改变社会的方方面面，包括社会的格局，各行各业的运作方式，以及每个人的职业前景。然而，即使变化来得如此迅猛，很多人还是在遵循那套已经不再适用的老方法，不愿意去接受现实，主动改变。这样的懒惰造成的结果，就是永远无法得到自己想要的成功。

每一次大的变迁都会造就出胜者和败者。一些人似乎可以游刃有余地畅游在风口浪尖中，得到自己想要的成功，并拥有一个满意的人生，但大多数人都还在挣扎着追赶自己身边正在发生的各种变革。新的社会和经济现实需要我们用一种新的方式来思考和行动，而要掌握这种方式并不是一件容易的事。幸运的是，那些胜者已经深谙此道，而这本书，就将帮助你做一名胜者。

决定成功的因素有很多。这本书里不会讨论那些显而易见的东西，比如勤奋努力、拥有梦想、设定目标、坚持不懈等等。如果你在读这本书，相信你已经了解甚至做到这些了。

我们这里要讨论的，是一些被绝大多数所谓的成功书籍忽略了的，但却比那些明显的因素更重要、更有决定性，也更实际的话题。

我们首先要说一说如何应对变幻莫测的未来。如果你想在掌舵人生航船的过程中不至于被风浪、暗礁掀翻或迷失方向，就需要有预见未来的能力。你会看到为什么有些人比别人更会预见未来（第一章：和未来“牵手”），还会认识到时不时地给自己改头换面会让你有更多的机会展翅高飞，避免陷在事业和人生的泥潭里（第二章：像演员一样善变）。

我们还会讨论如何引导你自己的人生。你会学到成功的人们如何利用自己和周围的优势,还会看到为什么对所谓“公平”竞争的过度追求常常会变成你成功的挡路石（第四章：创造不公平优势）。你还会认识到，周围的人和环境常常会将你推往一个并不适合你的刻板、固定的系统里，而你人生中最重要的任务之一，就是要把握住自己的方向，而不是随波逐流（第六章：别总听老师的话）。我们还会为你描绘明天的事业成功者的能力蓝图（第八章：做有专长的多面手），教你如何把自己打造成一个永远不会被时代淘汰的人才。

知道了如何把握方向之后，我们再讨论怎么来走这段旅程。比如说，你需要影响你周围的人和事物，而不是任由他们来影响你（第十一章：散播你的“磁力”）。你还要学会主动避免从众，坚持走自己的路，哪怕路上暂时只有你一个人（第十章：古怪点儿是好事）。

在一个急速变化的环境中，你需要能够很快地学习新的知识和技能，并且能改进甚至重塑这项技能，使你能够充分利用自己的优势，这样才更有可能捕捉到新的机遇。我们会详细讨论让你很快精通一项技能的方法（第十二章：像专家一样练习；第十三章：窃取大师的秘诀）。

最后，我们会提到一个神秘又充满诱惑的话题——运气。你会学到如何让自己更有好运（第十五章：为诱惑做好准备），并且在运气来临时紧紧抓住她（第十七章：紧随幸运女神的脚步）。

本书的每一章都是重要的一课，也是有趣的一课。这些课绝不是向你枯燥地灌输道理，而是让你从故事中自己领悟和提炼对你最有用的东西。每章的最后部分都会以简明的语言为你提供“行动津梁”，以便你立刻将学到的东西付诸行动。

这本书教给你的都是经得起时间考验的核心能力，可以用在生活和事业的方方面面。但我们会主要从事业的角度来讨论，因为这些能力对你现在和将来是否能够拥有精彩的人生和成功的事业，都会起到决定性的作用。

事业是什么？

我的爷爷奶奶一辈子都是在中国大西北的一个小村庄里度过的。他们的土坯房是靠着一个小山崖建的，没有自来水，也没有冲洗式厕所。每天，我奶奶都得挑着扁担去两百米外的水井里打水——那是他们生活用水的唯一来源。

他们一辈子的“工作”，就是在地里种小麦和玉米，同时还在自家院子里种些蔬菜水果。收获的粮食一部分自用，一部分换些钱用来买家里需要的基本生活用品，比如肥皂、厕纸之类的。

对他们来说，“事业”这个概念几乎不存在。生活的主题就是收获足够的食物让一家人不挨饿。他们的世界，仅限于那个小村庄里的一草一木，村里的邻里和亲戚，守了一辈子的庄稼，还有每天的琐事和家务。

我父亲的人生就截然不同了。他童年的时候很幸运地上了村庄里唯一的小学。在学校，他学会了读书写字，知道了怎么做算术，还学到了一些历史、社会和自然知识。对他来说，世界远远超出了那个小村庄的范围，虽然外面的世界那时也仅限在书本上和他的想象里。他小时候的梦想，是长大后作为家族里第一个离开那个小村庄去城市谋生的人。

17 岁那年，他当了兵。那时候，家里的男孩当兵是一件让父母很自豪的事。当然，当兵也是当时走出那个小村庄最直接的方式。那是父亲事业的开始。

退伍后，父亲在一所职业中专读了工商管理，之后在一家做煤炭产品的国企得到一份办公室的工作。那份工作是当时很多农村出来的年轻人梦寐以求的，因为它意味着拥有城市户口、有保障的收入、可靠的工作。只要他认真努力地工作，就有稳定的生活，还会有一些升职和加薪的机会。和当时绝大多数年轻人一样，父亲没有对他的事业有太多其他的想法。他所有想要做的，就是在他的岗位上踏踏实实地干下去，最后在退休年龄到了之后光荣退休，安心养老。

但是事情并不像计划的那样简单。煤炭逐渐退出了中国主力能源的舞台，于是父亲所在的公司开始衰退。他亲眼目睹了很多同事被迫下岗，公司也在一天天萎缩。

那段时间对父亲来说充满了艰难的挣扎。幸运的是，作为企业的办公室主任，他没有被公司辞退，一直工作到可以申请退休的年龄。正式退休那天，父亲有一种如释重负的感觉。虽然他为公司服务了30多年，和大多数其他同事一样，他对那份工作并没有多大的热情。尤其是在公司经历结构重整、股份制改革等变化的时候，他觉得自己每时每刻都仿佛是站在悬崖边上。但是至少最后的结果对他来说是一种胜利，一个事业的圆满结局。

我比父辈幸运，出生在一个更好的时代。虽然小时候家里经济比较困难，但我还是进入了全市最好的中学学习，后来又考上了北大，学习了生命科学专业。这在家人的眼里，意味着一条完美的事业之路已经为我铺设好了——学成后做一名光荣的科学家或大学教授。

进入大学两年之后，我意识到自己对做实验并没有什么热情。但那时的我根本不知道将来应该选什么样的职业。于是在迷茫中，我决定了去国外读博士，这样就可以有更多的时间去寻觅自己想走的路。我被英国剑桥大学的博士项目录取，获得了包含所有学费和生活费的全额奖学金，还可以自由选择博士课题。我选择了一个自己从没有接触过的新领域——生物信息学。我的家人从来没有听说过这个领域，也不明白我究竟研究些什么，只是对我能在剑桥读书感到高兴和荣耀。但对我来说，我的课题是什么，在哪个学校读都不是最重要的。我需要的是踏上一个新的旅程，进一步学习和探索这个世界。

在剑桥我学会了编程，并做了一些很有意思的关于人类基因组的研究。博士读得很顺利，我也做得不错，在国际知名学术期刊比如《自然》和《科学》上发表过文章。可就在我的家人等着我当上剑桥或者哈佛教授后让全家骄傲的时候，我决定离开学术界，进入商业领域闯一把。

但这个决定并没有得到家里人的理解和支持。在一次假期回家的聚会餐桌上，叔叔对我说："你想要放弃在剑桥学到的东西，放弃当教授的荣耀？听上去真有些天真。你想要在商业领域做什么？"

"我还没有决定呢。我会慢慢找到自己感兴趣的事情做的。"我说。

后来我很快发现了自己的兴趣——创业。但我觉得在创业之前，自己需要积累一些商业方面的知识和能力。于是我决定先做一名商业咨询师。博士最后一年的时候，我被欧洲一家著名战略咨询公司的伦敦办公室录取。咨询师是伦敦薪水最高、最受追捧的职业之一。在做咨询师期间，我和其他剑桥牛津的毕业生一起帮助大公司的高层或者私募股权投资公司的合伙人出谋划策，学到了很多商业方面的知识。

后来一次回家的家庭聚会上，我叔叔又一次被我的职业选择困惑了。"你是给生命科学领域的公司出主意吗？"

“不是啊，各行各业的都有。最近我和同事刚刚为一家电视娱乐秀制作公司的老总做了一个项目。”

“但是你的学位和电视节目制作没有一点儿关系啊？为什么老总会听你的建议？”

“哦，有没有相关学位是无所谓的。我可以很快地了解一个新领域并且分析和解决问题。这也是为什么咨询师的工作对学习能力以及分析和解决问题的能力要求非常高的原因。剑桥每年有几千个学生申请咨询师的职位，最后也只有几十个被录取。”

就在我的家人开始慢慢明白一点我究竟在做什么的时候，我辞了职，建立了自己的培训公司。这又一次在家人中引起了一些不解，但这早已经在我的计划之中了——我希望能完全掌控自己的事业。

在开始写这本书的时候（2016 年初），我没有固定的工作，除了每周十几小时的培训和咨询，其他时间我都可以自由安排——读书、写书、思考、规划准备事业的下一步，等等。我每时每刻都在学新东西，在成长。我不知道自己五年后会做什么，但是我一点儿也不担心。事实上，这种不确定性是我生活中最令人兴奋的元素——新的挑战，新的经历，新的技能，新的成长，会一直陪伴我走过我的整个职业生涯。

我的父辈很难理解我的职业选择和前景。在他们看来，事业就是找到一份稳定的工作，兢兢业业地完成自己的任务，听从老板的指挥，这样就有机会慢慢从最底层的职员开始一步步沿着公司的职位阶梯向上爬。但是在今天的世界里，这种模式已经很少存在了。“事业”这个词需要被重新定义。我们作为这个新时代的主力能量，应该完全掌控自己的事业。如果你做得好，不但可以有更丰厚的收入，还有更多的自由，更好的保障，更精彩的人生，并且可以为社会做出更多的贡献。

怎样适应这个时代

在人类历史上，每过一段时间，一项伟大的创新就会出现，继而造成一次全人类的革命。整个人类社会因此而受益，更多的人会享受到以前只有少数精英或贵族阶层的人才可以享受到的奢侈商品或服务。人类在社会中的角色和工作也会发生巨大改变，而这个过程中，很多赢家和输家会同时产生。

大约 300 年前，蒸汽机的发明为 100 年后欧洲的工业革命点亮了第一盏明灯。生产力的飙升，使食物、日用品，甚至一些奢侈品变得丰富和廉价。似乎在突然之间，一个平民老百姓就可以享受到以前只有贵族才可以享受的东西。很多做手工劳动的人进入了工厂工作，而受过良好教育的人则可以完全摆脱体力劳动，成为做智力和知识型工作的中产阶级。一少部分人运用他们的聪明和努力，通过经商赚得了巨大的财富。

人类的角色继而发生了巨大的变化。工业化的国家只需要不到 30% 的人口从事农业生产，导致大批的劳动力涌向了城镇，在这里开拓了新的天地。在工厂里和大型机器一起工作成了很多贫苦农民的梦想。而随着工厂和公司的不断涌现，相应的服务类工作也产生了，比如管理人员、会计师、律师、银行家等等。这些职业造就了一大批精通某一种业务或某一类技能的劳动力。能够掌握某一项专业技能成为大多数人得到稳定和有保障的职业的必需条件。

但是工业革命并不是只造就了赢家。之前生活富裕的家庭手工业商人受到了重创。他们手工制造的鞋子、纺织品、日用品等等几乎都在工厂被大规模廉价地生产了。很多人掀起了抵制机器的暴乱，但是最终也没有改变家庭手工业几乎消失的命运。那些拒绝改变的商人们陷入了困境，成为了新一代的穷人。

人类历史上之前的几次革命也是以相似的形式发生的。大约 12000 年前，农业被一些不甘每天奔波觅食的人们发明，从此永远地改变了他们的生活方式。人们第一次可以生产出比他们能吃下肚的多得多的食物，并可以在一个固定的地方居住。农耕渐渐被越来越多的人接纳，而那些不愿意改变捕猎采集生活而接受农耕的人们，渐渐在人类社会中处在了落后的地位。大约 7000 年之后，在那些很早就采纳了农耕的社会中，农耕技术不断改进和普及，让越来越多的人有了时间去做智力活动，于是他们发明了文字，创造了艺术。几个辉煌的古文明就这样在世界几个不同的角落诞生了。在后来的几千年中，更复杂的工具被不断地发明出来，文学、艺术和科学方面的成就在那些拥抱变化接受新事物的文明中繁盛。

一些有先进思想和理念的人们开始脱离农耕，做起了完全依靠智力的工作。

50年前晶体管的发明造就了我们正在经历的新的全球性变革。产品的生产和知识的整理不再是人类的主要任务。机器和电脑可以做各种重复性的体力和脑力工作，而且比我们人类做得更快更好。大众可以享受到之前只被少数人享受的奢侈，而新的奢侈也会随之产生。人类社会将又一次享受新的革命带来的福利，但和以前的每次革命一样，有赢家，也会有输家。如果你是赢的一方，你将得到丰厚的福利。赢家中每个人都有空间去设计完全属于自己的个性人生，去尽情享受生活带来的一切美好。走向成功的道路不再是一生一份工作，可能甚至连工作都不再是必需的。我们的时代，将比之前的任何一个都美好。

可是如果人们不再有固定的工作，那雇主们怎么办？很多公司也许还是希望雇员能够忠实于他们的工作和雇主，但是这个情形正在迅速地改变。在很多成功的新一代公司里，雇员的平均在职时间是2到3年，并且还在下降。但这些公司并没有显露出任何担心的迹象。

在今天变化如此迅速、竞争如此激烈的市场中，要保持竞争力，一个企业必须要不断地创新，不断地改头换面。企业里的职位和任务也会相应改变，因此，对人才和能力的要求就会时常变化。他们并不需要那些在企业服务的时间很长的员工，而更需要那些可以在当前为企业提供最大价值的员工。当企业没有更大的挑战帮助他们成长的时候，他们就会自己离开，去下一个更好的岗位。而企业呢，也会找到新的血液来助力下一个成长阶段。一辈子待在一个企业的员工实际上会成为新时代企业成长和创新的障碍，因为这些老员工可能会慢慢在岗位上固步自封，拒绝改变，甚至为保护自己的短期利益不惜牺牲企业的长期利益。

同时，企业们也需要越来越多的灵活性，来应对市场上和经济社会中不断发生的变化。他们会越来越需要那些“应需服务”的人才——根据公司当时的需要雇佣暂时的员工来做具体的工作或项目，而不用给他们提供长期的职位和固定的工资。在美国，目前有大约三分之一的劳动力是自由职业者，而这个数字还在不断地增加。

当下，员工和雇主都面临着很大的压力来应对这些变化。和个人一样，企业如果不接受新的模式，必然会遭遇失败，很快被时代淘汰。

如果你想在这个新的时代拥有成功、幸福、有满足感的事业和人生，你需要有能力和魄力去培养自己多方面的能力，尝试不同的职位和工作，让自己成为一个真正的多面手。能在未来职场里游刃有余的人，必须能够掌握大局，分析复杂问题，创造全方位解决方案，并且可以快速学习、灵活变通，能够在短时间内适应和胜任不同的工作。

你需要用不同的眼光看世界，不同的方式思考，采取不同的行动，才能在今天和明天的职场中乘风破浪，获得自己想要的成功和快乐。这本书，将帮助你在这一轮新的浪潮中成为赢家。

第一部分

时刻冲在浪尖上

要将你事业的航船驶向成功的彼岸，你需要做两件事——一是掌握正确的方向，二是避免触礁沉船。要做到这些，你需要对未来有一定的预见力。一些人在这方面似乎比其他人都强，因为他们经常能在合适的时间、合适的场合抓住不期而至的机会。这是一个很大的优势，但并不是纯粹的运气或机缘。这是一种可以学习和培养的能力。

第1章 和未来"牵手"

一个旅行者的投资神话

吉姆·罗杰斯（Jim Rogers），一个在美国阿拉巴马长大的 37 岁千万富翁，决定要退休，离开他在华尔街成功经营了 12 年的投资基金。当时的他有一个更大的梦想——骑着摩托车环游世界。他第一个想去的国家，是中国。

那是 80 年代早期，罗杰斯恐怕是第一个想骑着摩托车横跨中国的西方人。但是中国那时候才刚刚向世界开放没几年，要做这样大胆的事可没那么容易。为了说服官方允许他的计划，吉姆好几次飞到中国，和很多政府官员面谈，终于在几年后拿到了他需要的所有许可。

旅行一开始的时候，他觉得自己所见所闻和以前在其他发展中国家的经历没有太大区别。在城市里，第一代开私家车的司机们对交通安全还没有很强的意识，所以他时不时在马路上会遇到突然转弯减速或者藐视路标的小汽车。满脸狐疑的警察好几次拦住他，因为他们从没有见过一个老外在大街上骑着摩托车。最难的是从一个城市到另一个城市之间的漫长旅程——大多数时候都没有高速公路，有时是坑坑洼洼的砂石路，有时只有土路，有时连路都没有。经常骑着骑着突然路就消失在了沙漠里了，他也无计可施，只好任由摩托车轮子在松散的沙子里费力地转动。一次刚刚骑到一个戒备森严的军事基地门口，摩托车的引擎突然熄火了，他这才发现没有油了。另一次他的摩托车爆了胎，不得已只能向解放军借备用轮胎。

虽然路上困难重重，但罗杰斯很享受他的旅行。他去了一个当时刚开业不久的农贸市场。对像他这样的投资家来说，眼前的景象着实令人振奋。他觉得自己正在见证一个原始而蓬勃的经济形式——买主们不停地讨价还价，卖家通过质量、价格和吆喝声相互竞争。所有的商品，不管是西瓜、海鲜还是绸缎，价格随着供给和需求的微妙变化不断上下浮动。吉姆突然觉得，在这片充满活力的土地上，一定还有更多的、更令人兴奋的事情在发生。

后来吉姆又听了一位商人对自己一手经营的餐厅充满自豪的介绍，与一位正在存钱准备开地毯厂的工人聊了天，还听说一个农民买下了自家周围的果园，准备成为当地的“苹果专业户”。在他开始这次中国之行之前，他预期即将接触到的人们会有很强的集体观念，而不会有什么个人的雄心。

但此行的所见所闻让他很吃惊。中国当时改革开放刚刚几年，但是创业致富的雄心和抱负已经在很多人的言语和行动中淋漓尽致地体现出来了。他意识到，经过几个世纪的挣扎和迷惘，中国，这只东方雄狮，终于再次觉醒了。

罗杰斯觉得这是一个决不能错过的投资机会。他跨上摩托车，向还没有正式开业的上海证券交易所驶去。他按照一位政府工作人员指给他的路到了地点，却只看到一条很窄的小土路，通向一间极不起眼的平房。他跳下车，沿着小土路走到房子门口，才看到门口一个小牌匾上写着：上海证券交易所。在里面，只有一个人坐在柜台后面。罗杰斯买了一支银行的股票，感慨道："这里即将创造历史。有一天我会来中国做很多投资。在革命之前，中国有东方最大的证券交易市场；我相信，在不远的将来，中国证券市场会重新登上这个宝座。"

罗杰斯一直都没有卖掉自己第一次在上海买的那支股票。他还把交易证明裱起来挂在了他家的墙上。也许这支股票将成为他送给女儿们的礼物，因为他认为，卖出那支股票的最佳时间，会在他的有生之年以后。

回到美国后，他开始在媒体上做一些在当时听起来有点疯狂的言论。他说，"19 世纪是英国的世纪，20 世纪是美国的世纪。而 21 世纪，将是中国的世纪。"

罗杰斯当时提出的中国经济将超过美国的言论现在听来并不骇人，但在 20 世纪 80 年代，绝大多数经济专家和投资人都对他的话嗤之以鼻。然而今天，他们不会再笑话罗杰斯当时的预言了。

中国之行结束不久，罗杰斯又进行了两次环球之旅——一次也是骑着摩托车，另一次是开着小汽车。旅行的路上，他根据自己对每个国家未来发展的判断和预测，在一些他认为很有前途的国家投了资。大多数投资在当时被很多人看来匪夷所思，但后来都为他赚得了丰厚的回报。

在罗杰斯 1990 年去非洲旅行之前，他觉得非洲是一片正在崛起的土地。尤其是阿尔及利亚——他之前听到很多人谈论这个国家的蓬勃发展。但到了这个非洲北部的海滨国家之后，很快他就打消了在这里投资的念头。为什么？他发现这里的货币黑市以官方汇率两倍的价格贩卖外币。罗杰斯很清楚，一个国家的黑市就是它的体温计。黑市外币的价格和官方汇率差别越大,这个国家的经济健康就越有问题。果然，几年之后，阿尔及利亚的通货膨胀高到不可控制，拖垮了整个国家的经济。

随着非洲之行的进展，罗杰斯逐渐意识到大多数非洲国家还处在绝望的贫穷中，而政府则腐败得不堪设想。很多次入关的时候，边境工作人员明目张胆地向他要了贿赂才肯放他走。一路上，大多数时候他都行驶在简陋的、没有信号灯和路标的坑坑洼洼的路上，也遇到了很多黑市和非法交易的场所。但是当他进入一个鲜有人知的名叫博茨瓦纳的国家时，他所看到的和听到的立马大不一样了。入关的过程简单得令他惊愕,没有任何人向他索要贿赂。高速公路干净平整，每个路口和转弯处都有信号灯和清晰的标牌。城市中的商场和酒店和他在一个美国小镇上看到的没有多大区别。

这一切很让他兴奋。他马不停蹄地来到了当地的证券交易所。和两年前在上海看到的很相似,这个证券交易所很小,只是一间办公室模样的房间。当时整个股市就只有 7 家上市公司。他毫不犹豫地买下了所有能买的股票。后来的几年里,博茨瓦纳的人均国内生产总值的涨幅是全世界最快的，而它的证券市场也经历了飞速的增长。

1998 年，罗杰斯相信大宗商品期货的熊市已经结束，牛市即将到来，所以他认为当时是绝好的时机来投资大宗商品，比如钢铁、石油、大米、白糖等。可他觉得当时存在的大宗商品指数不够全面客观，于是就自己开设了“罗杰斯大宗商品指数”。但很长一段时间都很少有人重视他对商品期货的预言。一些所谓经验丰富的投资专家认为罗杰斯是在胡言乱语。每个人当时都认为大宗商品没有什么未来。但是这次罗杰斯又对了：在 2000 年和 2014 年之间，大宗商品的价格上涨了四倍。

罗杰斯能够看到大宗商品的崛起而其他人却看不到，是因为他对市场的全局有很深刻的认识。他理解大宗商品熊市和牛市的循环周期，并且很清楚大宗商品和股票市场之间的关系。虽然他无法预言大宗商品牛市开始和结束的具体时间，但他知道牛市很快就会到来。从长期投资的角度来讲，抓没抓到完美的时间点并不重要，重要的是清楚下一个浪潮是什么，并知道怎样能最有效地利用这个浪潮帮助自己前进。

2001 年，在罗杰斯预言中国将成为 21 世纪超级经济体 13 年之后，经济学家和投资人士们才开始对中国及其他发展中国家有了兴趣。当时著名投资银行高盛全球经济研究部的头儿吉姆·奥尼尔（Jim O' Neill）提出了一个新的缩略词“BRIC”来代表他认为即将崛起的四个发展中国家：巴西（Brazil）、俄罗斯（Russia）、印度（India）和中国（China）。其他专家立马爱上了这个词，于是大量的经济学家和商务人士便开始在他们的演讲和报告里使用这个时髦的新词。没过多久，这个词便出现在各种各样的经济金融类期刊、新闻和书本里。但是吉姆·罗杰斯并不赞赏这个词。他公开表达了自己的观点，认为巴西虽然有很丰富的自然资源，但国家被一群能力欠缺的人治理。俄罗斯面临着很严峻的人口问题。而印度比英国更官僚主义。他在一次采访中说：“在 BRIC 的四个字母中，奥尼尔只错了三个。”

奥尼尔发明的新词“BRIC”说起来上口，听起来也蛮有道理，对于喜欢用时髦新词的媒体和评论员来说，是很好用的。但不幸的是，奥尼尔只去过这四个国家中的一个——中国，而对其他三个国家的基本情况只停留在纸面上的了解。但是吉姆·罗杰斯去每个国家实地考察过，见识了很多当地真实的情况。从现在（2017 年）的情况来看，罗杰斯是对的。中国的经济经历了令人刮目相看的增长和繁荣，而“BRIC”中的其他三个国家，还在自身的各种问题上纠缠和挣扎着。

吉姆·罗杰斯令人叹服的预见未来和发现绝好投资机

会的能力使他在 37 岁的时候就身价上亿美元。但他并不是生来就有这样的能力，而是通过他强烈的求知欲，对理解世界的渴望，以及独立的思考逐渐培养起来的。他能够注意到被大多数人忽略但实际上很关键的事物；他能够在周围人都迷失在流行事物中的时候保持清醒，眼观大局；他能够在别人盲目追逐非理智的狂热时冷静地坚持自己的立场。他在所有其他人之前看到机会，坚持自己的判断，不轻信所谓专家的观点。这些因素，造就了他在投资领域的巨大成功。

“没有多少人需要手机”

1980 年，通信巨头 AT&T 在美国固定电话市场独占鳌头。然而一种新技术——手提移动电话的出现，让公司的高管们感到有些不安。那时候的手提移动电话无论从哪方面看都毫无吸引力——看上去像黑黢黢的砖块一样的东西又重又笨，拿在手里很费劲，价格却相当昂贵。但 AT&T 的一些高管觉得，这个新的通信工具有可能会最终渗透到老百姓的生活中，逐渐代替固定电话。为了弄清楚这种情况发生的可能性，他们请了大名鼎鼎的麦肯锡咨询公司来帮助他们解答这个疑问。

麦肯锡拥有强大的智囊团。他们很快组织了一个星级团队来为 AT&T 解答这个棘手的难题。这些咨询师们花了很多个不眠之夜对这一课题进行深入细致的研究，采访了不少相关领域的专家，并收集了很多数据。他们分析了历史上相似新技术的发展和被大众接受的过程；他们衡量了手提移动电话相对于固定电话的优缺点；他们对很多消费者和通信领域的人士进行了问卷调查和电话访问。所有这些研究结果都表明了一个立场：手提移动电话没有任何吸引力。

于是这个颇具影响力的咨询公司告诉 AT&T，到 2000 年，美国的手提移动电话用户可能会在 90 万人左右。对于 AT&T 这么大的公司来说，这个市场未免有些太小了。所以高管们决定，不会投入大量资金和人力建造无线通信的基站，而是继续把注意力集中在固定电话市场。

然而在后来的几年里，移动通信技术和移动电话的设计都有了突飞猛进的发展。大批信号基站的建设和新信号标准的引入使得移动通信的信号质量和覆盖率大幅度提高。越来越多的人们开始购买和使用手提移动电话，尤其是当他们看到越来越多身边的朋友和同事开始使用之后。2000 年，美国手提移动电话的用户超过了 1 亿人。

看来麦肯锡对手提移动电话用户数在 2000 年会达到 90 万的预言，和现实还差了那么一点。

站在现在回头看，手提移动电话不会被大众所接受的结论似乎很荒谬。但是在 1980 年，全世界只有不超过 10 部手提移动电话，每部重达 5 千克，不但长得很丑，而且要打电话还得到处找信号——因为信号很弱，用户只有站在特定的地点才能勉强接打电话。就这样一个没用的怪物，还带着一个让人咋舌的几千美元的价格标签。这样的情况下，很难让人相信在二三十年之后，几乎每个人口袋里都会有一部移动电话。但是这样的奇迹真的发生了。2016 年，在手提移动电话出现仅仅三十多年后，全世界已有几十亿部手机在使用中。有研究显示，全世界手机用户的数量甚至超过了有安全饮用水的人口数量。

麦肯锡动用了最聪明的头脑来帮助 AT&T 做出那个至关重要的商业决定，但还是没有能够预见移动电话给全球通信行业带来的革命。为什么？因为预测未来会发生什么是非常困难的,尤其是对于有可能给社会带来变革的新技术。当然，有些事情是相对比较容易准确预测的，比如说 10 年后全球的人口数量。这些事情遵循特定的规律，并且只取决于少数几个重要因素，因而不确定性较小。但是人类社会中的很多事情是没有办法准确预测的。当移动通信技术还在早期的时候，没有人知道这项新技术会朝什么方向发展，也没有人知道这项技术从萌芽到成熟要花多少时间。10 年后，移动通信有可能被证明很难有大的改进，而只能吸引一个很小的消费群体，甚至从市场上消失。但它也同样有可能实现质的飞跃，成为改变世界的革命性技术。决定这项新技术前景的不确定因素太多了，所以没有人能准确地对它的未来做出预测。

但是很多业内人士和专家还是乐此不疲地预测着各种各样不确定的未来。如果你仔细观察，就会发现这些预测会时不时地被改动。比如说世界银行每年会对全球经济的走势做出一系列预测。这些预测每几个月就会被改一次，即使这样，你观察观察历史数据就会发现，很多预测还是错的。

不幸的是，这类充满不确定性的预测却常常被人误以为是很准确的。很多企业和个人根据这些官方预测来做重要决定，而没有考虑到这些预测本身有可能是完全错误的。这也就是 AT&T 错过了移动通信革命的重要原因。

既然未来不可预测，AT&T 应该怎么做呢？首先，他们应该清醒地认识到这项技术未来的发展趋势是很不确定的，所以不应该只停留在单一的预测结果上。他们应该根据这种不确定性构想出可能会发生的不同情形，之后再制定出不同情形下的计划，这样不管哪种情形发生，他们都可以从容应对。最重要的是，他们应该不断地观察移动通信技术的发展和市场的走向，随时准备好根据实际情况对预测和相应的计划做出调整。面对不确定性很大的未来，最好的策略就是灵活机动，对可能发生的各种情形都做好准备，这样，不管未来会有什么样的变化，都可以应对自如。

浪漫故事变成灭顶之灾

时间已经接近午夜了。我站在位于伦敦市中心的办公楼旁边，期盼着一辆黑色出租车（black cab）的出现。直到几年前，你如果想要在伦敦打出租车，最常用的办法就是站在路边向路过的黑色出租车招手。这些通体黑色、看起来很结实但也有点笨的车在以前是伦敦唯一的出租车，要乘坐它们可一点儿也不便宜。我从公司回家的路打车需要不到 20 分钟，价格却是令人咋舌的 30 英镑（相当于人民币将近 300 元），而出于“礼貌”，我还得在这个价格的基础上加上 10% 的小费。

一次乘出租车回家的路上，我的司机马克（Mark）告诉我，他已经在伦敦开了 30 多年出租车了。他对自己完全不需要地图就能开车到伦敦任何一个地方的能力很自豪。马克对伦敦的每一条街道了如指掌，而这也是每一个出租车司机上岗的要求。在伦敦，每个想运营黑色出租车的司机都必须通过一个对伦敦所有道路、景点、地标性建筑等记忆的考试。马克用了三年时间才通过了这个考试，开始驾驶这种在伦敦具有标志性的出租车。只要乘客告诉他任何一种目的地信息，不论是附近的超市、学校、街名，甚至是邮编，他都能准确地把乘客带到目的地。

马克把自己看作是伦敦出租车司机的模范。他相信自己和其他优秀的黑色出租车司机一定会在这座国际大都市里永远保持高需求。

“你怎么看现在大家都在用的手机 GPS 导航软件？”我问他。

马克笑了起来，说出租车司机用这种软件是一件令人羞耻的事。“作为出租车司机，你应该记住所有街道和地点的名字和位置。这是出租车司机的职责。如果他们用这个电子的东西来指路，人们就不喜欢坐他们的车了。伦敦人热爱黑色出租车，因为我们可以提供最优质的服务。”

“现在还有手机软件可以告诉你哪里堵车。”我说。

“那是你不了解我啊！我随时都知道伦敦哪里有堵车。这些我都经历过了。”

“你听说过 Uber 吗？”

“那是什么？”

“……”

仅仅三年之后，Uber，这个手机打车软件，就把传统的黑色出租车逼到了生死边缘。一些黑色出租车司机举行了抗议示威，把他们的车停在伦敦市中心，造成了巨大的交通拥堵。他们要求伦敦市政府禁止 Uber 在伦敦经营。但当伦敦政府人员做了民意调查后，他们发现，绝大多数伦敦人是支持 Uber 的。很多传统出租车司机却怎么也想不通，为什么作为伦敦重要标志之一的黑色出租车，这么容易就被这个外来的新事物取代了？

我不知道马克现在的生意怎样。我后来不再用传统的黑色出租车了，而是和我身边的朋友和同事一样，换成了 Uber。尝到了它的好处之后，我也不再愿意换回黑色出租车。同样的路程，用 Uber 比用黑色出租车便宜一半还多，而且更方便，更容易用，也更舒服。如果我非想花两倍多的钱打车，用 Uber 就可以在一分钟之内叫到高档奔驰车来接我，而不是那个笨重的传统出租汽车。

马克与很多像他一样的传统出租车司机们尝到了缺乏对

未来的预见和准备的苦头。他们觉得可以一辈子依靠这个简单的、舒服的、稳定的收入来源。但是这个世界一直都在不断地变化、不断地前进，将来也将如此，而变化的脚步还会更快。如果你不跟着世界一起向前走，就注定会被时代所遗弃。

马克盲目地相信了那个他听了很多遍、说了很多遍的美丽童话：伦敦人永远都会深爱着这些标志性的黑色出租车，所以他们也会不惜代价去保护它们。这个故事很浪漫，但不幸的是，它和现实相去甚远。

在我们的世界里，有很多这样浪漫而美丽的故事，被讲过很多次，以至于人们从来不会质疑它们的真实性。这些故事给难免有些枯燥的日常生活带来很多乐趣。过去的几年中，英国超市和商店里出现了很多从来没有听说过的新品牌。很多这些牌子的背后都有一个奇异的小故事。这些小故事显然是初出茅庐的小品牌打开市场的策略之一，让消费者觉得这些牌子更“人性化”,而不像一些大牌子那样“冷血”。一次，我在超市看到一个新的巧克力品牌，在它的包装盒子上写着这样一个小故事：从前有一只猫，在非洲荒芜的大平原上漫无目的地踱步。一天它爬上了一个小山丘，在上面看到一片美丽的可可树。这些可可树长得很奇怪，但它们的果实却散发出绝美的味道。它意识到，如果用这些可可做巧克力，一定会是世界上最好吃的。于是，这个巧克力品牌就诞生了。

多亏那只猫，现在我可以在超市里买到这种美味的巧克力。当然了，这个故事八成是编的，但是消费者们并不在乎它的真实性。这个小故事展开了人们的想象，让购买这个巧克力的人进入了一个美丽的幻想世界。这个策略很有用。很多人被这个故事吸引，自然也就想尝一尝这个新牌子的巧克力是不是真的美味无比。

但是当我们需要认真审视未来，帮助自己做人生的重要决定时，就需要回到现实。我们需要过滤掉那些玫瑰色的幻想，来看清事情究竟在向什么方向发展，即使这个现实可能很残酷，或者和我们的希望截然相反。为什么马克认为大多数伦敦人都热爱传统的黑色出租车？因为他的出租车司机朋友们都是这么说的，工会领导是这么说的，哦对了，连伦敦旅游业委员会都是这么说的。每个人都知道在伦敦跑了一百多年的黑色出租车是伦敦的特色之一，大家要打车当然一定会选它们了。但是这个故事在现实的考验面前很快就露出真相了。它只不过是一个美丽的传说，就像那些被一只猫在非洲平原上发现的可可树一样。

为自己准备一条生路

1911年，两队雄心勃勃的勇士准备好了要创造历史，成为首次到达南极极点的人。两支队伍各自有一个极地探险经验相当丰富的领队。他们都40岁左右，有着相似的探险经历，也是在差不多同一时间开始这次探险旅程的。其中一支队伍由英国探险家罗伯特·福尔肯·斯科特（Robert Falcon Scott）带领，另一队的队长则是挪威探险家罗尔德·阿蒙森（Roald Amundsen）。每支队伍各有5名队员向南极极点进发。

虽然斯科特还没有到达过南极极点，但在他看来，这次要去的地方只不过比自己上次探险时达到的点再往南几英里而已。他很有信心，觉得凭着自己丰富的经验，肯定会比另一支队伍更快到达极点。

但是他完成使命的过程却充满了不幸。斯科特用了机动雪橇和马拉雪橇，可是几天后机动雪橇引擎就被冻裂了，马后来也陆续冻死了，所以他们只能拖着沉重的行李徒步走向南极。途中一个用于测量海拔的重要仪器的部件坏了，但是如此重要的仪器他们却没有准备任何备用零件。

更糟的是，他们在路上出现了好几次食物短缺的情况。出发前的准备中，他们只储备了刚刚足够队里的所有人在计划所需时间内使用的食物，其中大多数都储藏在主补给站里。可是极地凶猛的风暴和没有任何特点的地理让他们好几次严重偏离了预定的路线。不幸的是，他们之前没有在补给站周围设立任何标志来帮助他们在偏离路线的情况下找到补给站，所以无奈之下只能在饿着肚子的情况下和极地风暴做斗争。

在经历了这些生死危机之后，斯科特最终还是带领着自己的队伍排除万难，到达了南极的极点。可是他们太晚了。

阿蒙森的队伍在34天前就已经到过了。在失望和沮丧中，精疲力尽的斯科特和他的队友们开始往回走。然而不幸的是，由于体力不支、补给不足，加上恶劣的天气，他们最终永远地留在了南极大陆上。

另一支队伍的领队阿蒙森的态度和方法与斯科特很不同。在这次南极探险的好几年前，他就开始努力地培养自己在极地的极端条件下生存的能力。他给世代生活在北极地区的爱斯基摩人当“学徒”，和他们生活在冰屋里，穿他们的衣服，吃他们的食物，和他们一起驾着狗拉雪橇去打猎。在这个过程中，阿蒙森学到了一些让他颇感惊讶却能救命的知识和技能。开始的时候，阿蒙森觉得穿很紧很厚的衣服可以帮助他抵御零下50摄氏度的严寒，然而爱斯基摩人教给他，最适合在极地穿的衣服应该是宽松但是有保护性的。这样的衣服可以帮助汗液蒸发，防止汗在皮肤上冻成冰。他知道了狗是极地环境中最好的交通工具，练就了熟练驾驭狗拉雪橇的本领，还学会了如何让这些狗保持良好的健康状况和旺盛的精力。他学会了如何在残酷的极地暴风雪中保护自己，防止被冻死或吹走。他甚至尝试了吃生海豚肉，来测试假如自己被困在海里的冰山上，能否依靠这些极地海洋动物来生存。

在计划和准备这次南极探险的过程中，阿蒙森预想到了所有在旅途中可能发生的事，并对每种可能性采取了应对措施。他在补给站储备了全队所需食物10倍的量，这样的话即便他们错过几个补给站，也有足够的食物供旅途食用。他用了狗拉雪橇，而不是机动雪橇——他从爱斯基摩人那里学到了，虽然机动雪橇比狗快得多，但是引擎在寒冷的环境中很容易爆裂。他带了比实际需要的更多数量的狗，因为并不是所有的狗都可以经得住在如此极端的环境下长时间工作，所以他计划在途中杀掉一些体力不支的狗，用它们来喂其他的狗以补充它们的体力。他还带了好几套每个关键设备的备用零件，因为他知道，在极地，零件很容易坏掉。此外，除了几个主要补给站之外，他在定好的路线内设了很多小补给站，而且在每个补给站周围10公里内插了黑色的小旗，这样即使他们偏离了路线，也可以找到补给站的位置。当他们到达极点之前的最后一个补给站时，阿蒙森让队员带上很充足的食物，这样即使他们在返回的路上错过了所有的补给站，依然会有足够的食物坚持到达大本营。

在阿蒙森队伍的旅途中，很多他之前预想到的不幸事件都发生了。但是因为他对这些可能性做好了充分准备，没有什么真的危及到了队员的安全和他们要完成的使命。这使得他们成为世界上首次到达南极极点的人，并且所有队员都安然无恙地返回了。

在两支队伍出发之前，想要预见哪个队伍会成功是很难的。毕竟他们都有经验丰富的领队和充足的资源，甚至连队员数量都是一样的。但是两队最终的结果却截然不同。

从经验和能力上来说，阿蒙森的队伍并不比斯科特强。阿蒙森成功的主要因素，是他的预见力和充足的准备。阿蒙森在出发前有一个详尽的计划，预见了所有可以想得到的困难，并对每一个都做了充分的准备。他当然不知道旅途中具体会发生什么，但是他知道所有可能发生的危险和挑战，然后想尽一切办法克服每一个可能对他们的使命或者队员的安全有威胁的困难，一丝不苟地做好所有的准备。他的准备可能会被一些人看做是过度谨慎，但正是因为这些事无巨细的准备，使得他和他的队友们圆满地完成了这个危险艰巨的任务。

斯科特则和阿蒙森正好相反。他没有预见到那些不幸事件的发生，也没有制定备用计划和做足够的准备。一路上，他把自己遇到的困难和问题看作是“运气差”。直到最后一刻，他也没有意识到，恰恰是自己的过度自信和乐观促成了一系列的灾难。

但是阿蒙森并不是缺乏自信，更不是一个悲观主义者。恰恰相反，他总是很积极乐观——不然他也不会乐此不疲地做如此高危险的探险活动。但他的乐观和自信并没有蒙住他看清危险的慧眼。事实上，正是他对可能发生的危险的全面预见和对潜在问题的充分准备，给了他自信。他没有将任何可能性留给命运，尤其是那些生死攸关的事情。

很多情况下，准确地预见未来是不可能的。但通常我们并不需要知道未来究竟会是什么样的。我们真正需要的，是不管外界发生什么都能从容应对，不断地接近我们想达到的目标。要做到这个，我们就需要在旅程开始之前花时间预见可能发生的问题和困难，并对它们做好充分的准备，这样才不会在路上被它们所阻碍。

“游你自己的比赛”

在《给儿女的礼物》（A gift to my children）一书里，吉姆·罗杰斯向他的两个女儿分享了他最重要的人生忠告。其中一条，用他的原话来说，就是“游你自己的比赛”（swim your own races）。

我们要想有一个精彩的人生，就必须自己独立地思考和行动。这个道理很多人都知道，然而大多数人都习惯了听别人的话，跟随众人的脚步行动。这种习惯的养成也许和我们受过的教育有关，但它也是人类天性的一部分。人类是群居动物，我们的祖先生活在一个充满危险和不确定因素的环境中，这种情况下往往跟着“大部队”走是最安全的。而寻觅食物、保护自己等求生技能也都是靠互相模仿学到的。同时，我们每天的精力本来就有限，研究和思考又是极其耗费精力的活动，所以很多人自然地想要通过一些捷径来节省能量，而最简单的方法就是把别人说的当做是事实，按照别人的方法做事情，而不去自己做调查或者仔细思考。

但是你要想拥有比别人更精彩的人生，就得比别人更勤奋。残酷的现实是，其他人给你的建议和忠告通常不完全符合你的利益，而且经常是带有偏见的。有的时候，这些建议和观点甚至完全是错的。如果你想找到最佳的道路，并且比别人领先一些，就得要自己去看、去听、去尝试、去感受你想要了解的事物，并且用你自己的智慧去理解和思考。

拥有一个独立思考的头脑对于构建你预见未来的能力是非常关键的。没有人可以替你思考和做判断，而大众思维更是很危险。吉姆·罗杰斯之所以在投资领域如此成功，是因为他用自己的观察和思考来做出每一个投资决策。罗杰斯在他的书里曾提到，在他刚开始投资的时候，也曾经因为偷懒，轻信了别人的建议而做了一些很愚蠢的投资，最后亏掉了几百万美元。他当时觉得比自己有经验得多的上司应该是对的，但是很快他就发现这个想法太天真了。从那时候起，他就再也没有让其他人的说法轻易影响他的投资决策。

然而自己通过观察和思考做决策并不容易。尤其对缺乏经验的年轻人来说，除了“过来人”的建议，经常没有其他用来做决策的参考。在这种情况下，我们更要不断培养自己独立观察、独立思考的习惯。别人的建议不是不能参考，别人的行动也不是不能模仿，但是要经过自己的思考和判断后有选择性地参考和模仿。在我们缺乏经验的时候，最明智的选择是听不同人的建议，观察很多人的行动，然后思考他们言语、行动和结果之间的关系，慢慢学会自己做判断，这样，你的决定往往会更适合你。

站在高处，眼观大局

世界一天比一天更复杂。每时每刻，我们都被各种事实、观点和评论轰炸着。很多人轻易被这些信息冲昏头脑，或者是被各种不同的、甚至互相抵牾的观点所困惑。大多数媒体和个人的报道、观点和评论都只是针对事物的一方面或者某一些他们感兴趣、认为重要或热门的话题，而忽略其他的。这导致的结果就是大众对某一事件的偏见和对大局的无视。要想明辨是非，看清未来趋势，就必须站在比这些被人们讨论的事实和观点高得多的角度来看待事物，过滤掉噪音，才能做出准确的判断和明智的决定。

当吉姆·罗杰斯斟酌一项投资的时候，他首先会设法理解这种资产整体的情况。作为一个长期投资者，他通常会问自己这样的问题：这个资产的内在固有价值是多少？什么是驱动价格上下波动的主要因素？这个资产现在正处于其周期的哪个阶段？它今后10年到20年的趋势是什么？之后他会通过自己细致的研究和调查来回答这些问题，而不去理会当时流行的观点或评论。

那些对事物的大局有清晰认识，对未来有很强洞察力的人，通常都有永远无法满足的求知欲。每时每刻，他们都会利用各种机会来更深入地理解这个世界。他们总是对自己感兴趣的领域发生的事情充满好奇。他们从不停歇地观察着世界。他们对事物的理解不是停留在表面，而是深入到很多人都会忽略的根本。他们喜欢思考事物之间是如何相互联系和作用的，即使有些事物表面上看起来好像并没有什么关系。

心中常有大局，会帮助你滤过噪音，看清通往未来的路。这在现代社会中尤其重要，因为我们的周围充斥着无休止的垃圾和噪音，像魔爪一样试图分散我们的注意力。只有时刻保持属于你自己的清晰、明朗、完整的认知，才不会被外界的嘈杂所迷惑。

冲在浪潮的最前端

宇宙中唯一永恒的主题是变化。大多数人都知道这个事实，但是总有一些事物他们真心希望不会变化，而一些人太执着于这种希望，以至于他们拒绝接受现实中的变化，即使变化就在身边发生着，他们也视而不见。

当人们被束缚在一成不变的惯例中时，每天似乎都是前一天的重播。眼前和未来似乎都没有什么变化在发生。这是一种危险的幻觉。从一天的角度来看，事物似乎并没有什么变化。但是通常在静态的表面下，大的变化正在逐渐酝酿或已经慢慢发生。如果你能很早就注意到这些不为人察觉的变化，你就有比别人更多的时间去准备和应对。

前面提到的出租车司机马克就是这种幻觉的牺牲品。他做一个快乐的出租车司机已经30年了，每年都有相对稳定的收入。对他来说，每天都和前一天差不多，伦敦这座历史悠久的城市也似乎一直都是一样的。生活一如既往，他看不到即将发生的任何变化，现状在他看来一定会无限期地延续下去。即使变化已经在他身边肆无忌惮地伸展开来，他还是没有察觉，继续做着自己那个美丽的梦：他开的那辆笨重的黑色出租车永远都是伦敦人的最爱。

要看清未来，你就需要留心周围正在安静地发生着的细微变化，并且对这些变化可能产生的后果保持敏感性，不管它是好是坏。尤其是在当前的情况令我们满意，让我们觉得舒适惬意的时候，我们往往会对周围的环境变得麻木，忽略那些正在发生的、即将对我们产生伤害或不便的变化。这样的变化通常发生得很慢很缓和，从而更容易被忽略。但是这种忽视和麻木并不会阻止变化的到来，而只会让我们在一切发生质变时，手足无措。

不要沉迷在你脑中那幅永远美丽的玫瑰色图画中，而是当变化还没有发生时就注意到它的来临，做好迎接它，并把它变成你的优势的准备。

留意无人问津的宝藏

一些科学家曾做过一个有趣的实验。实验的主人公是南非的海岛猫鼬，它们是一种聪明可爱、合作性很强的动物，非常招人喜欢。实验者们在一群海岛猫鼬附近的地上放了两个土堆，每个土堆里埋了一些海岛猫鼬最喜欢的食物——煮鸡蛋。海岛猫鼬的嗅觉很灵敏，其中一只立刻闻到了好吃的，跑过来在一个土堆里刨起来，很快就挖出了煮鸡蛋，于是立即疯狂地大快朵颐。其他的海岛猫鼬立马跟了上来，不一会儿就有大概10只海岛猫鼬抢食那个土堆里的煮鸡蛋。但是大家都太投入地抢第一只海岛猫鼬发现的鸡蛋了，没有一只注意到离他们很近的另一个土堆。过了很久，当第一个土堆的鸡蛋已经快被抢光了的时候，一只好奇的海岛猫鼬突然注意到还有另一个土堆，这才惊喜地发现了很多新的煮鸡蛋。

这种情况在人类中也很常见。我们常常只注意到其他人正在谈论或者争抢的事物，而忽略了其他没有被别人关注的有价值的事物。但是如果你是第一个发现那些被忽略的宝藏的人，你就可能领先于所有人。

当吉姆·罗杰斯预见到大宗商品期货的牛市即将到来时，这些商品作为投资对象已经存在很久了，一点儿也不新鲜。那些聪明的专业投资人士和评论家们当然知道这种投资选择的存在，但是因为大宗商品市场已经低迷十多年了，这些东西早已被媒体和投资者们渐渐遗忘了。大家都在忙着讨论那些热点股票和其他热门资产，没有人理会大宗商品，以至于冷到连一个合理的大宗商品价格指数都没有。于是罗杰斯毫不犹豫地拿走了这个被人冷落的宝藏，从中轻松赚取了几百万美元的利润。

这个世界上总有被其他人忽略的宝藏。如果你发现了它们，你就立刻有了别人没有的优势。

自信来自于谨慎

预见未来并不只意味着看清未来趋势和正在或即将发生的变化。未来总是充满了不确定性，没有一个人真的拥有可以预言将来发生的每一件事的水晶球。即使你对未来有着清晰的认识，知道你达到目标的路径，很多不确定因素和不可预知的事件还是可能会威胁到你的进步甚至安全。所以除了看清未来的趋势，你还一定要知道有什么样的困难、障碍和对手你可能会在路上遇到，怎么来防止它们成为你的拦路虎。你时刻都应该做好应对坏事的计划和准备，才能够防止灾难的发生。这正是1911年决定两支南极探险队伍命运的重要因素。阿蒙森很清楚，虽然他不可能准确地预知一路上会发生什么，但他绝不能听从命运决定他和他的队员的成败。所以他花了很多时间详细地列出了所有可能发生的问题和困难，以及所有可能会阻碍他的团队到达南极极点并安全返回的因素，然后对每一个可能性都做了“过度准备”。但是斯科特却对于自己的能力和经验有些盲目自信，认为所有的事情都会像他希望的那样发生。这种过分乐观的心理阻止了他预见可能发生的不幸，最后酿成一场悲剧。

真正的自信往往来自于对危险和困难的清晰认识。世界上比微软创始人比尔·盖茨更成功的人没有几个，他表现出来的自信也是我们有目共睹的。然而盖茨却没有一天不对未来担忧的。他每天思考最多的，就是自己、公司和社会即将面临的困难和挑战，以及如何应对这些困难，如何化挑战为机遇，如何防患于未然等等。在他看来，成功最关键的因素之一，就是对风险和困难做最充分的准备。正因为有也这些准备，他才会自信地前进。

过度和盲目的自信是很危险的。一系列的成功和好运常常会让人产生未来一切都会很好的错觉。这种错觉让我们看不到危险的临近。这种错觉让我们不去为可能发生的坏事做准备，而这个时候，不幸就常常会降临。越是如鱼得水的时候，我们越应该冷静地预见将来有可能面对的危险和困难，才可能让我们的成功持续下去。

第2章 像演员一样“善变”

百变阿诺德

阿诺德（Arnold）出生在奥地利一个普通的农村家庭。那时候，奥地利刚刚经受过冷战的摧残，每个人都还没有从战争的恐惧中挣脱出来。阿诺德的家庭很贫穷，买一台电冰箱就被看作是一项极为奢侈的消费。未来在全家人的眼中是黯淡的。但是阿诺德从小就坚信自己注定会成就伟大的事业。

当他长成一个十几岁少年的时候，开始不自觉地从一个新的视角审视身边的女生。他从很小的时候就和很多女孩子一起上学了，但突然之间他发现女孩子很吸引人。一天，他意识到了一个后来改变了他一生的事实——健美运动员经常和最漂亮的女孩子一起玩！于是他决定成为他们的一员。

很快他就和一群比他大一些的练健美的男孩子成了好朋友。之后的几年，阿诺德坚持不懈地通过健身来训练自己的肌肉，并且渐渐地迷恋上了这项运动。他进步得很快，得了几次举重比赛的冠军。他意识到健美就是自己通向成功的第一条路，并决心要成为健美世界冠军。同是，正如他开始设想的那样，他也慢慢开始吸引漂亮女孩子了。

阿诺德 18 岁的时候按政府规定需要参军。虽然他可以在部队找一个轻松的活儿，比如厨房帮工之类的，但喜欢挑战和刺激的阿诺德决定当一名坦克手。坦克手的训练需要很长时间，花销也大，他们需要至少在部队待 3 年，而不是通常的 9 个月。在部队的第一年，阿诺德在训练的同时还坚持健美锻炼。在奥地利先生的比赛中得了第三名之后，他立即报名参加即将在德国举办的少年欧洲先生的比赛。他知道，这将是他健美事业中关键的一步。

不幸的是，少年欧洲先生的比赛时间正好在部队六周的基础训练过程中，而所有人在此期间是绝对不允许出训练营的。他去找教官恳求了半天，一点用也没有。在比赛开始的前一天晚上，他决定不能就这么轻易放弃这次机会。于是他不顾被罚的危险偷偷跑出训练营，登上了去德国的火车。

后来的事实证明，阿诺德的决定是再正确不过的。他赢得了少年欧洲先生的美名，而他回到部队后得到的惩罚也比他想象的轻得多——他只是坐了 24 小时的监禁，就被听说他夺冠的长官放出来了。

赢得少年欧洲先生头衔的阿诺德很快就被健身界的比赛组织者和商业人士关注，接到了好几个职业健身教练的工作邀请。他觉得自己离开部队开始自己健美职业生涯的时候到了。但是那时候他离完成3年的服役期还远着呢，他也知道以前军队中从没有过因为得到一份新的工作而被允许提前退役的人，但是这并没有让他打消尝试提前离开部队的念头。虽然得到允许的可能性几乎没有，他还是向长官提交了提前退役的申请，并附上了健身教练的录用通知。后来几个月发生的一系列事件似乎都在帮他离开部队，最后他的长官奇迹般地决定允许他提前离开了。

于是阿诺德去了德国——一个可以帮助他实现梦想的地方。20岁的时候，他成了历史上最年轻的欧洲先生。带着这个巨大的成功，他在21岁的时候去了美国，之后他接连七次赢得了奥林匹亚先生的称号，成为世界上最成功的健美运动员。

在很多人看来，这就是成功的极致了。但是对他，阿诺德·施瓦辛格（Arnold Schwarzenegger）来说，这只是一个开始。他从小就认为美国是一个充满机遇的地方，而他也从没有停止过寻找新的机会和财富。在做健美运动员的同时，他开了一个砌砖公司，做得很成功。很快他赚到了足够的钱又开了另一家做邮购健身器材和健身教材的公司。

30岁的时候，他成为了百万富翁，健美事业也到达了顶峰。但他又有了新的、更大的目标。他想成为一名好莱坞巨星。但阿诺德在他演艺生涯的一开始并不被人看好。很多导演和制片商说他的身体看起来“太奇怪”，还说他有“可笑的口音”。但阿诺德相信自己有做电影明星的潜质，所以他一直没有放弃尝试。1982年的电影《野蛮人柯南》终于给了他演艺事业上的一个重大突破。此后，他在多部动作影片中饰演主角，成为好莱坞当时最著名的演员之一。

就在所有人都觉得他的事业已经成功到不能再成功了时，他决定在政坛尝试一把。2003年，他成为了美国加利福尼亚州的州长，并在这个职位上服务了8年。

很多人在得到一些成功之后，就会说：“我既然在这方面已经这么成功，就应该接着做下去。”这听起来似乎很有道理，但是这种想法也会限制你的发展，有可能最后让你处在一个危险的位置。不管你的事业走了哪条路，你总是会在那条路上走到尽头的。但是如果你一直都在寻觅下一个更好的机会，你就会进入新的领域，获得新的成功。所以要想让你的成功持续下去，你就应该在现在的成功到达顶峰之前，就做好迎接新挑战、进入新领域的准备。等到你在当前领域里已经不能再进步了的时候，摆在你面前的，是更多的机会，而不是路的尽头。

阿诺德·施瓦辛格在他的人生中做了很多次和别人都不同的选择。他没有因为自己的成功而自满，也没有在成功的甜蜜中停滞不前。正是因为他对下一个可以让他再次闪耀的新舞台的不断追求，才使他成为被全世界熟知的人物，让他有了大多数人做梦都不敢想的精彩人生。

“以后再找机会”，以后在哪里？

我在剑桥读博士期间有一个同学叫艾米（化名）。博士第三年的时候，她厌倦了实验室的工作。虽然她的家人和朋友都认为她适合做科学家，她自己却并不喜欢学术研究。她跟我说，很想在毕业之后转行。

艾米的想法在博士生圈子里并不鲜见。虽然确实有一部分博士生热爱基础科学研究，希望在学术界开拓事业，但很多人都没有太大热情，也经常在聊天时谈起毕业后想做其他的事情，比如去企业工作。可是说归说，大多数博士生毕业之后还是留在了科研领域，即使他们并不喜欢这个行业。这些人大多最后在学术界也没有做出很出色的成绩，却很少之后再跳出这个圈子的。对于已经在科研圈子里呆了好几年的博士生来说，周围的环境“逼着”他们成为研究人员。博士项目本身也是为培养教授和科学家设计的：整个博士期间，学生唯一的任务就是做科研项目，到毕业前写论文的时候，大家会很自然地开始申请博士后，导师们通常也会尽全力帮学生找到一个好的博士后职位。一旦做起了博士后，基本就是一个接一个的科研项目，直到有了足够的成果和经验可以自己带领一个研究团队，他们就自然而然地有了自己的实验室和研究经费，开始做导师了。这个过程一环扣一环，你走得越深，就越不可能有机会离开这个领域去做别的事情。

幸运的是，艾米在剑桥大学。在这里机会是从来不缺的。

后来的几个月里，她听了一些讲座，参加了几个社交活动，了解了一些其他行业的情况，还加入了一两个以职业为主题的学生社团。很多企业都会去剑桥大学做招聘讲座，她也听了几个，和一些博士毕业后成功进入商业、金融、法律等领域工作的学长聊了天。艾米第一次听说博士毕业后还有这么多不同的职业选择。她觉得很兴奋，对自己未来的可能性有了一些期待。

但很快她就发现自己由于参加讲座和活动耽误了科研。她的导师开始埋怨她的进度太慢了。她觉得自己花太多时间在实验之外的事情上了，而且一些实验进行得并不是很顺利。她的博士第三年快要结束了，需要赶紧把实验在接下来的几个月内做完，这样才有足够的时间写毕业论文。她从小就是一个模范学生，自然不愿意让自己博士项目的结果不尽如人意。于是艾米向自己保证了，一定要尽全力完成她的科研项目。

之后的几个月，艾米全身心地投入到了实验中。终于，实验做完了，结果也很让人满意，下一步就是写毕业论文了。这个过程并不轻松。等她想起来自己原先要转行的计划时，已经离毕业不远了。

“我不知道从哪里开始，不然先投几份简历试试吧。”她说。

于是艾米写了简历，投给了一些她似乎感兴趣的公司。但是两个月过去了，她没有收到一个积极的回复。

“这个好难啊。他们不想要我，因为我是博士生，专业不对口。”

她有些沮丧，没有再试下去，因为她还要抓紧时间写论文。几个月后，我在校园里看到她，她说自己已经接受了一个两年的博士后职位。“我不清楚还能做别的什么。虽然我不喜欢做实验，但是再做两年也没关系。先这样，以后再找机会。”

但两年之后，她的博士后合同又延期了两年。当我再见到她时，她说：“我想现在再转行可能有点晚了。工作毕竟只是工作。虽然我不怎么喜欢，但我已经习惯了，还觉得比较舒服。先这样吧，以后再找机会。”

我们不能指望一辈子心满意足地做一种职业。很多人发现自己开始时的职业选择并不是自己真正适合的或有兴趣的。就算我们喜欢自己的第一份工作，按世界目前变化的速度来看，在退休年龄到来之前，如果我们不改变，很可能会发现自己被困在一个事业的死胡同里。我们的工作可能很快就不被社会需要了，或者我们的行业已经在衰退了。在这些情况下，只有改变，才是唯一的出路。

但是改变职业方向并不容易。很多时候，这需要我们做出一定的牺牲，或者抛弃我们习惯了的环境、事物和行为。很多人时常脑子里会闪过要改变的念头，但总是缺乏彻底改变自己的勇气。他们觉得做着熟悉的工作、在熟悉的环境中、面对熟悉的自己，是很舒服的。这种舒服，渐渐演变成一种惰性和对改变的恐惧。改变会带来各种不确定和更多的投入，而且还可能意味着他们必须放弃一些自己目前很满意的东西。于是各种怀疑和担心就在所难免了。如果改变之后自己不喜欢怎么办？如果改变失败了却回不来了怎么办？如果不喜欢新环境怎么办？

艾米在博士最后一年开始的时候，我建议她在公司里找个实习做做，这样会大幅度提高申请工作的成功率。她听了立马瞪大眼睛：“作为一个博士生，每天做实验看文献都忙不过来，怎么可能挤得出那么多时间来做实习？”但是我知道，只要真的想做，一定有可能。我那时候是和她一样的博士生，但我在做科研项目的同时还做了很多其他的事，比如去商学院听课、参加并赢了创业比赛、主持创业课程、带领一个学生咨询团队，还做了一个投资方面的实习项目。时间总是可以挤出来的，“没时间”只是在惰性和恐惧的驱使下潜意识里用来逃避的借口而已。

成于胶卷，败于胶卷

1885 年，柯达公司的创始人发明了胶卷。于是在 19 世纪末，这家公司将世界第一款基于胶卷拍摄的照相机引入市场，从此开创了业余摄影的先河。之后的几十年，柯达逐渐成为美国家喻户晓的品牌，也是全球摄影器材行业的创新领军企业。

然而在 1975 年，这一切即将改变。柯达的工程师史蒂夫·萨森（Steve Sasson）发明了世界上第一台数码相机。可当他把相机的原型给公司高管看时，他们的回答让史蒂夫很失望："这个玩意儿很有意思，但是不要告诉任何人。"

柯达公司的高管们没有为这个革命性的新技术喝彩。相反，他们担心这项技术会对柯达的胶卷生意造成威胁。在那个时候，柯达的市场策略是把相机以很便宜的价格卖给消费者，之后这些消费者就会不断地购买柯达的胶卷。公司绝大部分的利润都是从胶卷来的。当时柯达的胶卷销量增长很快，公司的管理层希望能将这样的高增长在全球范围内继续下去。

于是他们把数码相机仅仅作为一个小的研究项目交给几个聪明的工程师摆弄。可是不久之后，其他公司开始在市场上销售数码相机了。20 世纪 90 年代末，柯达的胶卷销量开始下滑。公司高层知道越来越多的消费者们开始用数码相机来取代胶卷相机，但他们决定采取的对策是进行一系列大规模的胶卷促销活动。他们无法想象一个不需要胶卷的摄影界。他们觉得数码相机只不过是新奇事物一阵子的流行，很快会过去的。

但是越来越多的消费者们抛弃了胶卷相机而改用数码相机。柯达公司最后还是顶不住压力，推出了一系列数码相机产品。但是那时候市场竞争已经相当激烈了。没过多久，数码相机就被很多家企业大规模低成本地生产，利润随之直线下降。为了保持市场地位，柯达不得不亏本卖数码相机，但不幸的是，这次再没有胶卷来弥补损失了。公司高管不得不承认他们之前对数码相机的判断是错误的，也不应该太执着地不停推销胶卷。但他们还是相信，虽然有了数码相机，人们还是想要把照片印在光滑的相纸上和亲友分享。于是高管们转而将大量精力和资金投入到一系列推销公司图片印刷产品的策略中。

同一时期，柯达卖掉了公司经营范围很广泛的化学制剂业务，把所有的鸡蛋都放在影像这个篮子里。

但所有的努力都没能够改变这家公司业绩不断下滑的命运。几年后，新的技术又出现了——消费者不再用专门的数码相机来拍照，而是用他们的手机和平板电脑。大家都在屏幕上看照片，并把它们分享在网络社交平台上，既方便又有趣，还可以和很多朋友同时分享。有谁还会想把照片印在纸上呢？柯达在市场上不再有任何优势，于是在 2012 年，这个在影像市场上称霸百年的公司，申请了破产保护，结束了它在这个领域持续了百年的辉煌。

很多公司有了可观的成绩之后就倾向于“坚守”已有的成就，因为那是最容易也是最舒服的。柯达高管们固执地认为，所有的相机都需要胶卷，所以如果他们称霸胶卷市场，就可以在摄影市场占有不败之地。这个策略在当时听起来很有道理，也很成功，但是它使柯达失去了灵活性，沉浸在这幅他们自己勾勒出的美妙图景里难以自拔。同时，这个庞大的公司有个致命的缺点：决策过程太繁琐太慢。有时候一个决策需要经过很多层协商讨论，花掉几个月甚至更长的时间。等他们终于做出决定的时候，竞争者已经占领了市场。

在90年代末和21世纪初，柯达总是比市场和技术的进步慢好几拍。在这个飞速变化的社会，缺乏灵活性是很危险的。成功的最佳策略，是做一个灵活善变的企业，随时都能很快地回应市场的变化。

这对个人来讲也是同样的道理。“一生一份工作”的事业让你没有灵活性；仅仅依靠一种能力生存让你没有灵活性；一门心思只走一条路而不尝试其他机会让你没有灵活性；缺乏快速学习和适应的能力让你没有灵活性。这些都是很危险的。如果你没有一点灵活性，你就不可能适应不断变化的社会，更不可能抓住不期而至的好机会。

灵活是成功的必备条件。让自己保持灵活性的最好办法，就是不断地改变自己——培养新的能力、学习新的知识、和更多人交流，并且欣然接受改变，将其变成自己的优势。

行动津梁

做一条奔流不息的河

每个人来到这个世界上不只是简单地为了生存和繁衍，而更多是为了学习、成长、创造和享受。我们如果总是一遍又一遍重复做同样的事，一定会觉得无聊。如果让你把同一部电视剧看上一百遍，估计你不会心甘情愿地去做。但是看从没有看过的电视剧会有趣得多，因为新的情节充满了未知，而这种揭开层层迷雾的过程是令人兴奋的。但是很多人却每天都以同样的方式做着同样的事，日复一日，年复一年。他们渐渐忘记了，只要一些小的改变就能给他们的生活带来很多的惊喜和兴奋。

大多数人都不喜欢长期完全不收获新的知识和技能，因为这会让生活霉变。当你在能力方面停止成长的时候，你也就逐渐失去活力。改变会给你带来新的经历、新的知识、新的能力，从而让你变得更有智慧，更有活力，更有满足感。

在这个日益变化的世界，停滞不前是危险的。让你简单地重复同样的任务、依赖于单一技能的工作将会很快消失。如果你不主动改变自己，你的事业将会渐渐陷入僵局，结果只能是任由未来的风浪将你冲走。

人生就像一条河，唯一保持活力的方式，就是永不停息地流动，让外来的水源不断涌入。一条不断流淌的河可以给自己带来新的生命、新的水流以及持续的歌声，这样才不会枯竭，不会霉变，不会被生命遗忘。如果这条河停止流动了，就会渐渐失去生命力。如果你想让自己的生命永远充满活力和成就，你就必须不断地改变自己，让你的生命之河奔流不息。

很多人虽然对自己所从事的职业已经厌倦了，或者已经在当前的路上走到了尽头，没法再进步了，但他们没有勇气改变，因为他们害怕面对不确定的未来。不要成为他们中的一员。冲破你的惰性，迈出改变的第一步。这一步可以是勇敢的一大步，就像施瓦辛格曾经很多次做过的那样。它也可以是一小步，比如读一本新书，培养一个新的兴趣爱好。慢慢地，这些小步就会让你积累足够的勇气去迈出一大步。

时刻做好“跳槽”准备

寻找下一个机会的最佳时间，是你目前的事业达到顶峰之前。你要把不断寻找更好的机会变成一种习惯，即使你才刚刚开始一段新的旅程，也不要让你的视线变窄。你大概不会知道下一个更好的机会是什么，如何去抓住它，但是你只要不停地去找，总会找到一个让你上一个台阶的机会。千万不要让你自己在开始寻找新机会新挑战之前在当前的位置上感到太舒适。因为如果你觉得舒适了，安心了，自满就会悄悄占据你的内心。一旦自满情绪膨胀，它就会压抑你的好奇心和创造力，让你越来越不愿意冒险或尝试新的事物。所以，当你刚刚尝到一点成功的甜头时，就要提醒自己，该是寻找下一个机会的时候了。你不必立即跳向另一条船，但是要随时做好跳的准备。

在今天这个不断变化、步伐飞快的世界，拥有众多选择是一个巨大的优势。这些选择可以作为你的“救生船”，在你所在的船开始下沉时救你一命。即使事情对你来说似乎都很顺利，看不到什么威胁，拥有不同的选择也让你有更多讨价还价的余地和灵活性，于是你就不至于依靠某一个雇主、某一个机构、某一种技能或者某一个关系来决定你的成败了。不难想象，当你所在的公司开始裁员时，如果你已经有了别的雇主随时都会接受你，你将会比别人轻松很多。有选择，永远是你最好的安全网。

护卫陈旧事物者必败

竞争和进步永远是我们这个星球的主题之一。当面对它们时，我们通常有两种选择：严防死守我们现在的位置，或者改变自己从而在新的环境中更有竞争力。很多人选择前者，因为他们觉得守住自己已经拥有的东西，比改变自身要更容易。但是这些护卫者们常常最后都落得惨败的下场。

一些人甚至极端到为了庇护自己已经过时的利益而杀害其他促进社会发展的人。这些骇人的历史事件其中之一，发生在19世纪工业革命中的英国。

在18和19世纪，纺织业在英国很繁荣。几十年来，很多手工纺织工人在自家或者小手工作坊里用他们的双手在木质的简易织布机间穿梭，从而制作出美观实用的纺织品。在当时的英国，拥有纺织手艺是一件令人自豪的事，多数纺织工人都可以赚足够的钱来维持相对舒适的生活。但19世纪初，很多纺织工人发现找他们做活儿的人越来越少了。这并不是因为大家对纺织品的需求减少了，而是因为一种新事物——机动纺织机出现了。这些用金属制成的庞大怪物可以比人工快很多倍，而且成本更低地生产纺织品。

一些手工纺织工人无法接受这个在他们看来不可思议的现实。他们操起棍棒和锤子，将愤怒发泄在这些大型纺织机上。这个破坏机械的暴乱开始于英国中部城市诺丁汉，后来很快就受到其他城市中认为机器是人类敌人的纺织工人们的响应。渐渐地，纺织机暴乱席卷了整个英国。

这些人把自己称作“卢德分子”（“Luddites”），还想象出一个领袖叫Ned Ludd。当时的英国正在和法国的拿破仑作战，整个国家已经处于水深火热之中。英国政府害怕这些人会进一步摧毁国家的经济和社会安定，所以他们调用了很多资源来镇压这场暴乱，冲突很快就变得更加暴力和血腥了。有报道说在暴乱最严重的时候，镇压卢德分子的士兵数量比打拿破仑的还多。有的暴乱中，多达2000名卢德分子攻击一个纺织厂。1812年，暴乱分子和士兵们甚至开始交火了。有一天，三个卢德分子埋伏在一家纺织厂外，开枪射死了纺织厂的老板。英国政府不得不更加严厉地镇压这些暴乱，将几十名卢德分子击毙，另一些被遣送到澳大利亚，这在当时的英国是仅次于死刑的严厉惩罚。

这些针对纺织机械的暴乱造成了巨大的伤害和损失，但还是没能够阻止变化的发生。纺织机械最终取代了绝大部分的人工劳力，使得纺织品成为更便宜、更广泛被应用的商品。那些接受这种改变的工人们主动学习了新的技能，开始在工厂和相关职位上发挥作用，而那些拒绝改变的人，则陷入了贫困和绝望。

当人们回顾历史时，常常会讥笑那些固执地护卫传统却死活不愿接受更好的事物的人们。但在现实社会中，这样的人依然存在。当滴滴出行和优步被消费者普遍接受时，一些传统出租车司机选择了反抗，甚至为了抢生意和网约车司机大打出手。另一些，则以最快的速度适应了新的模式，加入了网约车司机的队伍，并努力研究接单量最大化的技巧，生意越做越好。前者并没有阻止行业的进步，却让自己落在了后面。而后者，则在新的竞争环境中为自己谋得一席之地，和时代共同前进。人类进步的力量和大自然的力量一样强大而不可逆转。拥抱变化，踏着新的浪潮继续前进，才是唯一的出路。多数时候，只要你选择接受而不是逃避，你都能在新的时代为自己找到比以前更好的位置。

不停更新和扩充你的能力库

随着时间的推移，很多知识和能力会变得过时，同时新的知识和能力会变得更重要。如果你想要在事业上成功，就不能停止学习和培养将来可能会有用的新知识新能力。

你的知识和能力不应该仅仅局限于自己所在的或目前最擅长和熟悉的领域。获取各个不同领域和方面的知识和能力会对你非常有利。首先，就像那句老话说的，把所有的鸡蛋都放在同一个篮子里是很危险的。如果你的事业完全依靠一种技能或者一个领域的经验，那一旦这个技能不再为社会所需要，或者这个领域被新的技术和变革所替代，那你的事业就会处在一个极其危险的境地。其次，未来世界的事物将变得越来越复杂和跨学科。有广阔的知识面和各种不同的能力，可以帮助你从容面对新的挑战，理解大局形势，针对问题勾勒出更全面更完整的解决办法。这最终会使你更有竞争力，更为社会和他人所需要。

当然，如果你对每一种技能、每一个领域的知识都只是停留在皮毛，在事业上也很难走得很远。最明智的方法是“拓展”和“深入”交替进行。比如说，在学生时代，当你还不确定自己对什么感兴趣的时候，不妨花一些时间去广泛地探索，拓宽自己的视野，学习不同的知识，尝试不同的领域。一旦你发现了一个自己感兴趣或者比较擅长的领域，就应该深入学习和实践，让它成为自己的一技之长，在该领域做出些建树来。当你在这个领域达到了一个不错的高度，积累了很强的能力和丰富的经验时，要进一步提高，你就需要涉猎与它相关的周边领域，甚至是完全不同的领域。只有这样，你的事业才能不断迈向新的高度。

不断拓宽的知识和能力，是事业成功的铺路石。你应该让自己的思想时刻保持开放，不断地学习和接受新的事物。有的能力当时看起来也许和你正在做的事情不是完全相关，但只要这个能力是和时代接轨的，以后就很可能会派上大用场。

随时准备探索新领域

帮助你打开视野的最有效方法之一，就是随时探索新鲜的事物。如果你对事物总是保持好奇，一件事就会引向另一件事，时不时地，你就会发现一些值得你花时间去学习和追求的新东西。

我人生中很多的转折点都是由于尝试新事物而引发的。大学期间，我意识到自己不喜欢在实验室做实验，于是就选择了各个学科的课，什么心理学、哲学、艺术、经济、编程等等。试了一圈之后，我发现自己对经济和编程最感兴趣。于是我博士项目选择了生物信息，在计算机编程、大数据分析的新领域快乐地探索了四年，同时参加了很多商学院的课程和项目。在这个过程中，我结识了一些和自己有相似兴趣的小伙伴，一起参加了创业比赛，还拿了奖。我毕业时能够顺利进入竞争非常激烈的战略咨询公司工作，也得益于我在剑桥读书期间广泛的尝试，使得我培养了敏锐的商业思维和各种软实力，最后在申请工作的过程中起到了关键性的作用。

在今天的世界里，你不用冒太多风险就能尝试的事物已经多得数不清了。但是在这么多选择面前，很多人还是决定在自己无意间所做的第一个选择或别人替他们做的选择上安定下来。或许这是在我们开始步入社会第一步时最直接、最简单的一条路，不然我们可能会在无休止的选择中手足无措。但是我们不能因为已经做了一个选择就不去继续探索其他的选择了。我们应该保持好奇心，继续寻找新的机会。一旦找到一个自己喜欢的，不妨去试一试。尝试一条新的道路通常并没有你想象的那么凶险，但如果你不去大胆尝试，就永远都不会知道它将带你到达什么样的新天地。

第 3 章 不在其位，先谋其职

全能明星养成记

查理·卓别林和凯斯通（Keystone）电影工作室签下了一个每周 150 美元的合同，开始了自己的电影事业。那是 1913 年，当时的 150 美元相当于现在的大约 3500 美元——这对卓别林这个在极端贫困家庭长大的 24 岁小伙子来说，着实不算坏。但是他并不很喜欢自己的第一部电影短片，觉得自己所饰演角色的形象可以大幅度地改进。在拍第二部电影短片的时候,他决定要自己设计形象。这部影片是喜剧片，卓别林的想法是让这个角色的形象有尽可能多的矛盾，这样会让观众觉得更加好笑。于是他选择了一条很肥的黑裤子和一件紧绷的似乎小了两个号的外套，一顶刚刚能扣在头上的绅士礼帽，一双尖头大皮鞋，最后又给自己上唇正上方贴上一撮乌黑的小胡子。于是，这个“流浪汉”的形象就诞生了——笨手笨脚却努力让自己看起来像绅士，到处尝试给人打零工，却总是捅娄子。

卓别林的第二部影片赢得了广大观众的喜爱。在之后的几部电影短片里，他继续饰演这个好笑的流浪汉，然而却越演越沮丧。他对自己一手创造的这个角色有很清晰的见解，但是导演们似乎并不完全理解这个角色，没有在影片里把他的潜质完全显露出来。于是在凯斯通工作室拍了几部影片之后，卓别林开始试图在影片的拍摄中加入越来越多自己的想法。他不断地向导演建议影片的故事情节、布景和台词等，但是他的大多数建议都被导演们忽略了。几个月后，他和一个导演发生了分歧，差点儿被解雇。但是由于卓别林当时名气越来越大，工作室的老板还是决定留下他。这次卓别林终于忍不住了，建议要自导自演下一部影片。导演们听了他的提议，前仰后合地大笑了起来。一个才当了几个月演员、对如何拍电影一无所知的小毛孩，就想导演自己的电影了？后来他们意识到卓别林是当真的，但工作室的老板们当然不愿意冒这个风险。卓别林于是建议自己承担风险，答应如果他自己导演的影片不成功，会付给工作室一笔 1500 美元的补偿费，相当于现在的 35000 美元。

卓别林自导自演的第一部影片《被雨淋》（Caught in the Rain）大获成功。从那时起，他导演了几乎所有由自己主演的电影喜剧短片。很快他也开始自己编剧，甚至为自己的影片作曲。

卓别林成了美国最受欢迎的影星，而他的名气也很快蔓延到其他国家。卓别林很清楚自己的价值，所以后来和电影公司签约时，他要求的薪酬也高得惊人。他知道，要想让自己的名气继续攀升，他必须要不断提高影片的质量。于是他花越来越多的时间和精力在每一部影片上，同时事无巨细地掌控电影从编剧到拍摄到制作的每一个环节。由于他无人能敌的受欢迎程度，卓别林说服电影公司给了他单独的工作室，并且精心挑选了一些他比较欣赏的演员，为自己的影片长期工作。

卓别林的名望不断攀升，同时他对影片质量着魔似的执着也随之增长。终于，他的电影发行公司开始受不了他越来越慢的出品速度和越来越庞大的支出预算。为了不受发行公司的约束，他于是开办了自己的电影发行公司，从此之后自己资助了绝大多数影片的拍摄费用。

查理·卓别林在他漫长的演艺生涯中自编、自导、自演了无数极为成功的影片，其中一些至今还被奉为影视历史上的不朽经典，包括《城市之光》《摩登时代》《淘金记》等。今天，卓别林被誉为世界影视史上最重要的人物之一。

当 24 岁的卓别林在 1913 年来到美国洛杉矶开始自己演艺事业的时候，他的目标并不仅仅是做一位出色的演艺明星。他想要编写和拍摄自己的电影。对他来说，每一部影片都是一件精美绝伦的艺术品，不能容忍任何瑕疵。他心里很清楚，只要影片制作过程中的任何一个环节不是由他掌控的，他就不能将影片的质量做到极致。

所以从他在凯斯通工作室的第一天开始，卓别林就利用所有的闲暇时间学习电影制作的每一个步骤。他细心观察了导演是如何指导影片拍摄的，所以短短几个月之后他就能胜任导演的角色。但是他并没有满足于自导自演。他认真地阅读了每一部电影的剧本，即使它的内容和自己的角色没有什么关系。他尝试了不同的剧装和演绎方式，来发掘什么样的形象最适合什么样的角色。他对音乐也有浓厚的兴趣，自学了钢琴、小提琴和大提琴。渐渐地，他开始自己写剧本和作曲。之后他又积攒了足够的财富来资助自己影片的全部拍摄费用。在他演艺生涯的每一步，卓别林的目标是不但做好自己的本职，还做自己的“老板”们的工作，这才使他对自己的事业有了完全的把握，创造了一个又一个奇迹，成为世界演艺界的标志性人物。

如果你是一名企业雇员，能够胜任你上司的工作是升职的必须条件，而且在一个健康的企业环境里，也会创造一种个人和企业共赢的局面。

我在伦敦做战略咨询的时候，听说在另一家战略咨询公司有一位传奇式的26岁合伙人。在咨询公司，通常有五个级别的职位：顾问、高级顾问、项目经理、执行总监、合伙人。刚刚入门的顾问的职责主要是做调查研究和数据分析。升到高级顾问后，他就开始思考要传达给客户的主要信息是什么,并根据这个来设计和撰写报告。到了项目经理的职位，他则需要决定项目的范围和主题、给团队成员分配工作，还要在项目的整个过程中和客户直接沟通，解答他们的疑问。

合伙人是咨询公司里最高级别的职位，他们的主要工作是建立和保持客户关系，与客户商定和签约咨询项目。执行总监则是从项目经理向合伙人过渡的职位，所以他们会花一些时间在管理项目上，同时也花一些时间向客户销售项目。

从入门的顾问一路升到合伙人一般需要至少十年，但是这个 26 岁的合伙人只用了一半的时间。他 21 岁大学本科毕业后开始做顾问，26 岁的时候就成为了公司历史上最年轻的合伙人。

他是怎么做到晋升如此之快的呢？当然，他的聪明能干和对工作的努力和热情是没得说的，但是在战略咨询这个行业里，每个人都有聪明的大脑和极强的能力，而且每天都会工作 12 到 14 小时。所以只凭聪明和工作努力是不可能升职这么快的。他的秘诀，是从一开始就用心锻炼自己做好上级工作的能力，并且经常主动地完成一部分本应是上级的任务。当他还是一个顾问的时候，他就开始思考客户最关键的问题是什么，如何向他们传达重要的信息，如何帮他们解决难题等等。他还主动在客户会议上向客户陈述和解释一些工作，而这通常是高级顾问和项目经理的事。当他升为高级顾问后，就开始和客户密切沟通，主动回答他们的疑问。当他成为项目经理时，就已经被一些客户充分信任，并且成功签约了几个项目——而这通常是合伙人的任务。

如果你想在工作岗位上迅速得到晋升，必须要在升职之前就能胜任更高职位的工作。你甚至应该争取比已经在那个职位上的人做得更好。那位 26 岁的合伙人正是这样做的。

他为公司创造了比他的职位所要求的多得多的价值，结果是他的雇主和他自己都从中获利颇丰。

“意外机会”并不意外

萨尔曼·可汗（Salman Khan）是一位才华横溢的麻省理工学院工程系毕业生。他毕业后选择了一个很多其他聪明能干的年轻人也会选择的职业——在一家著名的对冲基金公司做分析员。像很多其他麻省理工的毕业生一样，他在金融界干得不错，但是他的雄心并不仅仅是有一份高薪的工作。他想要做对社会和他人更有影响力的事情。

作为一名曾经的模范学生，他成了对数学头痛的表弟表妹们最喜欢的家教。萨尔曼的表弟表妹们都离得很远，于是他只能在空闲时间里通过网络给他们讲解。一段时间后，他意识到自己的时间远远满足不了亲戚朋友的需求，所以他决定把自己讲的课录制成视频放在 YouTube 上，这样表弟表妹们就可以随时随地听到他的讲解，也不会额外占用他的时间。

没等他察觉到，他的教学视频就已经被观看了几千次。他积极性大增，没想到自己无意中放在网上的视频尽然这么受欢迎。他觉得如果能放更多的教学视频在网上，他也许可以让更多的人受益，甚至可以改变很多学生学习的方法。于是，他便开始动用自己所有的业余时间录制教学视频，然后放在 YouTube 上，所有人都可以免费观看。没过多久，他的视频就累计了上亿次观看。不容置疑，萨尔曼生动有趣、深入浅出的视频教学胜过了很多优秀的专业教师以及传统的学校教育模式。现在，他全职在自己成立的非营利组织“可汗学院”（Khan Academy）工作，为全世界上千万学生提供免费的网上教育。

想在事业上有质的飞越，就要使自己的行动和思维都像那个你想成为的人一样。但很多人的想法正好相反——他们想等自己已经升职或者在自己想要的位置上之后，才开始学习新职位需要的知识和能力，但这样是无法很快达到目标的。如果你观察那些晋升和转行很快的人，就不难发现，他们都是在没到下一步前就已经开始做下一步的工作了。卓别林在成为导演之前就学习和尝试导演的工作；那个 26 岁的合伙人从入职起就做比自己高一两级的工作；萨尔曼在业余时间给表弟表妹做家教时，就投入地像一名专业教师一样。以这样的方式，他们才可能在事业上有惊人的进步，取得让人咋舌的成功。

我在咨询公司工作的时候有一个叫劳拉（化名）的同事。她对时尚奢侈品行业很感兴趣，于是主动在咨询公司里为自己建立了时尚奢侈品专家的名声。每次只要公司有这个行业的项目，她就会第一时间要求在这个项目里工作，并且每次都因为她对这个行业深入的了解而做得很出色。

通过这些项目，她认识了很多时尚奢侈品企业的高管，并和他们保持联系，主动帮他们出谋划策。她还经常参加业内的各种讲座和会议，在那里认识了更多时尚奢侈品界的高管和专家们。她主动和他们交谈，向他们介绍自己在这个行业的经验，并分享自己的一些见解。她还有两次被邀请在行业的会议上做演讲，和一些国际大品牌的老板们站在同一个舞台上。

她的努力和聪明给一些老总留下了深刻的印象。两年之后，她没有费任何额外力气就得到了梦寐以求的工作——一个国际知名时尚奢侈品牌的老总主动给她打电话，邀请她在总部担任产品战略经理。她甚至连简历都不用递。老总邀请他的原因很清楚——她已经向这位 CEO 展示了自己可以胜任这个职位需要的所有能力和热情，虽然她当时的工作和产品战略经理的职位很不一样。当这位老总需要一个人来填补这个空缺的时候，他自然会想到劳拉。

没有风险，哪有收益

2008 年，经济危机席卷全球。但越南这个南亚的贫穷小国却在经历令人欣喜的经济增长。泰（化名）是越南前江省一位世代以种水稻为生的贫苦农民。在和邻居聊天的时候，他听说了一个有可能使他们脱贫翻身的机会。这个邻居准备开展一项新的事业。

“政府正在补贴农民购买野猪的种猪。野猪肉现在在城市里很受欢迎，但供不应求，价格是普通猪肉的 10 倍。我们可以通过养野猪来致富。”

“我没有钱买种猪，也不知道怎么养。不过我可以帮你。”泰听到邻居的话很开心，主动提出帮忙。

之后的几周，他看着邻居买猪，搭猪圈，忙得热火朝天。村里没有人知道怎么养这些灰不溜秋的猪崽子，因为从来没有人养过。邻居于是跑到邻省的一个村子里向那里的野猪养殖户学习经验。他还到村政府设立的农业咨询办公室去领取野猪养殖的手册，并借用那里的电脑在网上做了一些研究。他还召集了邻村其他开始养殖野猪的农民们，每周定期开会分享心得和经验。

这个邻居让泰时不时地帮助他照顾这些野猪，并给他一点钱或者居家用品作为报酬。泰因为这些额外收入很开心，也逐渐摸索出如何照顾这些猪。他甚至开始喜欢它们，觉得这些外表憨态可掬的动物很有趣。看着小猪仔慢慢长大，他有时觉得很兴奋，这可是他以前从没有过的感受。

一天清晨，他在睡梦中突然听到邻居院子里传来一阵骚动。他跑过去看，原来是邻居家的两只小野猪不见了。经过一番观察，他们觉得有可能是被食肉动物叼走了。当邻居向泰解释可能发生了什么的时候，他的眼中充满了焦虑。他说，邻村的一个农民丢了所有的野猪，可能要破产了。邻居决定要竭尽全力保护剩下的 6 头野猪。他花钱做了更高更结实的防护栏，还装了一个简易的摄像监控系统。

看到这些，泰有点庆幸自己当初没有去冒这个险，而是接着种自己的水稻。泰到现在活到三十多岁，已经饱尝了生活的艰辛。他不能想象自己用生计来冒险，他觉得最安全的选择是安心做自己已经做了一辈子的事——种水稻。

后来的几个月，邻居继续经历着养殖野猪给他带来的兴奋和焦虑。一天，他的一头母猪生下了 7 只健康的小猪。邻居一直小心翼翼地按照兽医教给他的方法来照顾母猪和小猪仔，于是它们都健康地长大了。

一天，邻居兴高采烈地把泰招呼到他家，说需要泰来帮一个很大的忙。他要泰和另外几个邻居一起帮忙把 5 头猪运到镇上的集市去。

"我们会有一个大买主。"他说。

邻居卖掉了 5 头猪，每头越南币五百万（相当于 230 美元）。泰一辈子还从来没有见过那么多钱。

为了感谢泰的帮助，邻居给了他越南币 30 万。他激动得不知道说什么。

"你如果自己养殖野猪，可以赚更多的钱。"邻居对泰说。"你可以向政府借钱买种猪。我就是这么开始的。今年年底，我就可以把欠政府的钱还清了。"

"但是我从来没有做过这个。我不知道自己是不是能够还得起债。"泰说。"我会接着帮你的。也许过一段时间我就可以自己做了。"

泰还是像以往一样，照顾着自己的水稻庄稼，闲暇时在邻居的猪圈里帮帮忙。后来的几年里，他看着自己的邻居赚了越来越多的钱，盖了新房子，甚至还添置了小汽车。而泰帮他们照顾猪，每年只得到越南币一百万（相当于46美元）的报酬。他很羡慕,但总是觉得还没有做好自己养猪的准备。

“我这一辈子只种过水稻。我不知道还能做什么。”泰叹了口气。他的双手由于长期在田里干活而显得很粗糙。他还不到四十岁，脸上却写满了沧桑，像是已经五十多岁了。他很小的时候就在水稻田里帮助父母，不幸的是他们很早就离开了这个世界。他的兄弟姐妹都已经离开了村子，去城里谋生了。现在，只剩下泰和他的妻子与孩子在这个破旧的农舍里，辛苦地照料着那片父母留下的，已经不再那么肥沃的稻田。

“每年收割的稻米基本上只够家里人吃饱，没有多少剩余可以卖的。”泰的妻子在家做一些手工艺品，拿到六公里外镇子里的市场上去卖，换来的钱再买些油盐蔬菜之类的。生活对他们来说很艰辛。泰也梦想着能够赚足够的钱将来供孩子上大学，但是这个梦想似乎离他太遥远。他看着邻居因为养殖野猪而变得富有，但他却始终没有勇气迈出改变命运的那一大步。

过去的几十年里，现代化让很多人的生活有了彻底的变化，让他们摆脱了贫困，使他们拥有了充足的食物和安全的水源，接受了良好的教育，并享受到科技带来的优越生活。农业生产力的大幅度提高使得成百上千万的农民摆脱了辛苦的田间劳作。

在很多人张开双臂拥抱这些变化带给他们的新机遇时，

一些人拒绝了。他们觉得不安和恐惧。他们永远无法做好改变的准备。所以，他们只是蜷缩在一角，默默地帮助别人变得富有，等待着轮到自己的那一刻。虽然他们的生活水平也有了提高，这种提高的幅度和那些大胆抓住机会的人相比，却小得可怜。

作为观众，我们很容易嘲笑泰的行为。但是很多人在机会摆在他们面前的时候，或是根本没有注意到，或是像泰一样不敢抓住它。根本性的变化不可避免地会有些风险和压力，但是这通常是通向更好生活的唯一路径。

行动津梁

欲谋其位，先尽其为

如果你希望尽快得到一个新的职位，最好的办法之一就是和已经在这个职位上的人一起工作。这样你可以很方便地学习如何做好这份工作，为自己储备必要的知识和能力，而且还可以有机会付诸实践，做一些他们的工作，甚至得到他们的指导和反馈。

那个成为公司最年轻合伙人的咨询顾问知道自己必须要经常和上级一起工作，才可以很快升到他们的职位。所以在他还是顾问的时候，就主动和项目经理提出要负责项目中的一个模块，并和高级顾问以及项目经理很紧密地合作，在这个过程中不断向他们学习。如果项目经理看到他已经可以出色地完成高级顾问的任务，当然会推荐他升职。还有什么比这样的实际行动能更好地证明他可以胜任新职位呢？

那如果你想进入一个新的行业，而周围没有已经在这个行业的人可以一起工作怎么办？有很多其他渠道可以找到这样的人，向他们学习。首先，你可以去找这些人写的书，开的课，或者在网上的博客视屏等等来学习。其次，在自己的朋友圈子和同事圈子里打听，看看有没有人认识你想进入的新行业里的人。在这个网络社交的年代，找人是越来越容易了。可能你只需要动一动指头，发几条信息，就能找到你想要的人。再次，在业余时间出去参加你想进入行业相关的社交活动，或者在相关行业找些义工、兼职什么的做一做。在这些场合，不难结识你想找的新朋友。

不在其位，已谋其政

一旦你知道了自己下一步想要在什么样的位置，你就应该立即像那个位置上的人一样做事。过一段时间，你开始时夜袭有点蹩脚的“假装”就会慢慢成为你自己的一部分，在不知不觉中，你就真的变成你想要成为的那个角色了。

我在剑桥读博第三年的时候，决定要在毕业后成为一名咨询顾问。于是我立即开始像咨询师那样想问题做事情。首先，我开始大量阅读商业和金融方面的书籍、浏览商界新闻、思考商业问题。我在剑桥商学院和一些MBA

学生一起听了一些课程，还评估了一个初创公司的商业计划。这个项目对我来说就是咨询工作的实地演练。我认真地阅读了商业计划书，并向自己提出一些关键的问题，比如：这个公司的产品究竟是针对哪个特别的市场？这个市场有多大，在增长吗？我们针对的是什么样的消费者？如何才能满足他们的需求？主要竞争对手是谁？我们如何才能得到有利的市场地位？

这些经历教给我如何像咨询师一样思考和分析问题。后来我又参加了“Cambridge Apprentice”比赛，带领一个小团队为一家公司开拓新市场出谋划策。我在这个项目里不仅是咨询师，而且是项目经理——我勾勒出了项目的几个重要工作模块，然后把具体工作分配给了每个成员，并管理和监督了整个项目的进展。最后，我上台向100多名观众做了演讲，并赢得了“最佳战略”奖。

有了这些经历，我对自己的咨询能力更有信心了。后来我又加入了一个学生咨询社团，成了那里的项目经理，为一家很大的制药公司做项目。很快我就成为这个在全英国有多个分支的庞大社团中剑桥分团的总监，负责和监督整个社团的运行。

所有这些经历，都让我在开始咨询师这个职业之前就锻炼和培养了做好咨询的核心能力。从我正式开始做咨询顾问的第一天起，我就知道怎么做好我的工作，同时也知道怎么做好我的上司的工作，因为这些我都已经实地演练过了。

未达其位，先立其名

很多时候只是默默无闻努力学习和实践自己想要的工作是不够的。你还需要建立你的“个人品牌”——在你想要发展的圈子里有一个很好的名声。

我的前同事劳拉就努力在时尚奢侈品行业的圈子里为自己赢得了一个很好的名声。她每次无论是做咨询项目，还是去参加行业会议，还是去社交场合，都不忘让更多的人知道她在这个领域丰富的知识和深刻的见解。身在伦敦这个世界时尚中心当然是她的天然优势，她有很多机会和著名品牌的高管以及业内有影响力的人见面。当然，她不请自来的新职位很大程度上归功于她不懈努力创造出来的个人品牌。

萨尔曼·可汗通过把自己的教学视频放在YouTube上和所有人分享来建立自己的个人品牌。如果他没有公开发布自己的视频，而只是分享给表弟表妹，那他就不可能后来建立起可汗学院，帮助成百上千万的学生。当比尔·盖茨在网上发现了他的视频并让自己的孩子观看时，萨尔曼的个人品牌得到了飞速提升。盖茨对他的视频大加赞赏，甚至请他去西雅图和盖茨见面。很快福布斯上就出现了一篇题为“比尔·盖茨最欣赏的老师”的报道。从此，萨尔曼的名字和他的教学视频便被几千万人所熟知。如果不是因为他的个人品牌，在这么短的时间内达到如此的成就是不可想象的。

把你的工作成果分享给其他人对你的成功是极为重要的。一些人总是害怕自己做得不够好，会被人耻笑，于是就选择“深藏不露”。但是几乎所有成功的人都曾经被耻笑过。所以不要有太多顾虑，大胆地向别人展示你的工作，这会让你进步得更快，并且得到他人的帮助和推荐。

第二部分

做自己的导演

成功不只是做好别人让你做的事——比如学校的考试和老板分配的任务——就能得到的。你首先要决定自己想要什么样的成功。我们的社会里存在着各种固定的系统，在系统里，每个人都会被推向同一条路径。这些系统对整个社会的运行是至关重要的，但是对个人而言，多数时候这些系统带来的结果只是平庸。要想脱颖而出，你需要掌控和“导演”自己的人生。

第4章
创造“不公平”优势

马萨诸塞的“天才工程师”

美国的马萨诸塞州是世界知名的麻省理工学院（MIT）的家乡。这所拥有超过一百五十年历史的世界名校，大概是全世界优秀工程师密度最高的地方。MIT 的毕业生大多在工程技术、学术研究、金融、商业等领域做出各种骄人的贡献，是精英中的精英。

但是马萨诸塞州还有另一群天才的工程师。他们不是这所顶尖工程大学的毕业生，但是 MIT 的教师和学生们都非常喜欢和崇敬他们。他们生来就是工程师。他们为自己的家庭修建堤坝和房舍，以便全家生活得舒适和安全。他们很有创造力,对地理环境有很强的敏感性。在修建他们的家之前，他们总是认真地勘察所选地域的自然条件，尽可能利用当地的天然优势，选择一个最适合全家居住的地点。之后，他们会利用自己与生俱来的工具和技能来修建他们的堤坝，所用的材料都是当地的天然原材料。科学研究显示，他们的建设工程对生态环境不但没有任何破坏，甚至对周边的环境和生态有长期的益处。

这些谦逊而自信的工程师着实令人钦佩。MIT 的师生们如此崇敬他们，以至于选择他们作为大学的吉祥物。这些天才工程师，是海狸。

海狸是勤奋而有战略头脑的动物。它们首先会沿着河流仔细侦察，来寻找适合居住和养育下一代的地点。在找到完美的地方之后，它们会用自己强大的下颌及牙齿啃倒河边几棵直径可达 25 厘米的树，然后把这些树干、树枝和淤泥混合起来，用来建造一个堤坝。这个堤坝阻止河流继续流淌，让它们所在的区域积水，形成一个池塘。这是海狸一家最佳的住宿场所。随着积水的增加，堤坝就要越来越结实，所以海狸需要更多的树干和树枝作为建筑材料。

而这给了他们一个难题。海狸是体型相对较小的哺乳动物，成年雄性只有 20 公斤左右。它们没有足够的力气在陆地上拖拽大树干。但是这些天才工程师有一个好办法。它们会在自己修建的池塘周围修一些小运河。这些运河通往岸上一些邻近的树。当他们咬断一棵树之后，就会利用运河的浮力把树推到需要建堤的地方。很快，它们就有了一个属于自己的大池塘，把对它们有威胁的食肉动物都拒之门外。冬天，这个池塘会因为水是静止的而冻住，海狸就可以在这个天然大冰箱里面储藏食物。

如果有必要，海狸一家可能会建造好几个堤坝来为自己创造一个完美的“私人池塘”。有了满意的堤坝之后，他们就会在池塘里用类似的材料——树干、树枝和淤泥来建造自己的家。它们建造的家园很坚固，即使大棕熊也无法侵入。这个家为它们创造出一个温暖、干燥的地方供储藏食物，度过严冬。

多么不可思议的天才！其他动物通常是努力适应它们所在的环境，或者每年不辞辛劳地迁徙几千公里去寻找一个更适合生存的地方，而这些能干的海狸们却让环境来适应它们的需要。它们主动去改变环境，为自己和家人创造一个安全舒适的家园。它们的“私人池塘”和隐蔽在池塘下的家不但能储藏充足的食物，还能使它们免受天敌的威胁。这为它们创造了一个很大的“不公平”优势，让它们过上比大多数动物更安全舒适的生活。

我们的星球上从来不缺少竞争。在动物的世界里，对食物和繁衍权的竞争，猎食者和被猎食动物之间永不停歇的捉迷藏，以及和自然力量的较量无时无刻不在发生。在人类世界里，商场和职场的竞争也是无处不在。

要想在这个竞争激烈的社会中占有一个很好的位置，我们需要学习和采纳海狸的生活态度——主动改变周围的环境，为自己创造一些不公平优势。这种优势可以是你生来就有的，也可以是你自己后天培养的。这个优势对你很有利，但绝大多数和你竞争的对手都没有。它有可能是你成长的环境、接受的教育、认识的人、或者是花在培养某一种能力上的时间。只要这个优势可以让你在竞争对手中脱颖而出，它就是你的不公平优势，而你应该毫不犹豫地充分利用它。

你也许听过一个北大保安花了两年时间在北大标志性的西校门站岗后，通过成人自考，成为北大正式学生的故事。

他从小就有上北大的梦想。但他错过了第一次考北大的机会。可是他没有钱找成教辅导学校去学习，而且需要找一份工作赚点钱养活自己。本来在广州工作的他决定去北京，寻找实现梦想的机会。一天，他作为一个普通游客来到北大，看到一个穿着制服的保安正坐在一栋教学楼里专心地看书。出于好奇，他走进去和这个保安聊起来。保安说他正在准备大学成人自考。保安说，过去已经有很多北大的保安考上了大学。校园里有很多免费的学习资源可以帮助他们准备考试。

于是他向北大申请了保安的工作。在工作期间，他利用了每一分钟的闲暇时间看书学习，并在北大的夜校听课。最后，他在成考中取得好成绩，成为了一名北大学子。

通过主动把自己放在有利的环境中，他立刻得到了绝大多数参加成考的人都没有的不公平优势。他和最优秀的老师和学生有近距离的接触；他可以使用到成千上万册的图书和学习资料；他可以参加优秀教师讲解的课程。这是他的不公平优势，但不是与生俱来的。他为自己创造了这个优势，并且充分利用了它，最后达到了自己的目标。

跑出来的奇迹

牙买加是加勒比海上一个很小的岛国。这个国家被很多人认为是加勒比皇冠上的一颗明珠。它有温暖舒适的气候和美丽的海滩，所以每年都有数以万计的游客涌进这座美丽的小岛，来享受温暖的阳光和宜人的海滩。

这个人口只有不到三百万的小国除了沙滩阳光以外，还有另一种独特的宝藏。这里有全世界短跑史上最多的世界级选手。在过去的75年里，牙买加短跑运动员共获得42枚英联邦金牌，14枚世界锦标赛金牌和17枚奥运会金牌，同时还创造和保持了多个短跑世界纪录。

为什么牙买加人这么擅长短跑呢？一些人认为这是因为这个小国有很深厚的田径文化，另一些人认为这和他们从小到大的饮食有关系，还有一些人认为这得归功于牙买加政府对田径设施的大量投入，并把田径奉为国家的标志性运动。近几年的遗传学研究还发现了一个有可能使携带它的人短跑能力更强的基因突变。

无论这些因素是如何发挥作用的，那些牙买加的世界级短跑运动员都毋庸置疑地充分利用了他们所具有的不公平优势，并主动创造更多的优势。这些优势的作用加在一起，造就了他们在世界短跑赛场上令人咋舌的成功。

首先，很多牙买加人，尤其是那些成长在田间的，从小到大每天都拿山药和未熟的香蕉当主食。根据牙买加科技大学莫里森（Morrison）教授多年的研究，山药里含有一种叫海波类固醇（Hypo Steroid）的物质，是肌肉的刺激因子。未成熟的香蕉里则含有肌醇六磷酸，可以迅速地为肌肉补充能量。所以长期食用这些食品使得牙买加人在短跑过程中保持高峰速度的时间比其他运动员更长一些，这在短跑比赛中是至关重要的。

此外，牙买加黑人的脊骨和股骨的形状很特别，这种形状使得他们在跑步过程中腿向下推的力量更大。他们中的一些人还有可能带有能使他们跑得更快的基因突变。

大概是因为这些天然的优势，牙买加人擅长短跑。与此同时，他们也热爱跑步。这里的社会和文化环境为每一个牙买加人提供了很多短跑的机会。从很小的年龄开始，孩子们玩的时候就会经常互相追逐，还自发组织“非官方”的短跑比赛一绝高低。在小学里，学生会参加各种各样的田径比赛，包括一年一度的校运会。牙买加还有很多针对孩子的国家级田径比赛，包括“全国中学生田径锦标赛”和“吉布森接力赛”。每个学校都拼尽全力培养他们自己的田径运动员来赢得这些比赛。一些大学还为他们最优秀的短跑运动员提供全职训练，让他们有机会参加国际性的比赛。

田径运动是牙买加的全民运动。人民群众把顶级短跑运动员奉为英雄，而在很多贫困的年轻人心中，在田径场上取得成功是帮助自己和家人摆脱贫困的最佳途径。这是一个他们愿意全情投入的事业和梦想。

与此同时，牙买加政府也投入大量资源建设一流的田径运动设施和培训体系，来培养世界级的运动员。很多科学研究经费也都投入到了有关运动员营养、生理和训练的相关课题中。

这些因素加在一起，为牙买加人创造了得天独厚的不公平优势。那些知道如何充分利用这些优势，并把它们付诸实践的有志青年们，登上了世界田径界的最高峰，实现了自己的梦想。

很多人都抱怨自己生在不利的条件下。他们将其他人的成功和幸福归功于他们的“不公平”优势。

“他有一个有钱的爸爸可以资助他的初创公司，所以业务才增长得那么快。我没有富爸爸，因此不可能像他那样成功。”

“她那么漂亮，人又聪明，有很多有钱又有人缘的朋友，所以她能经人介绍得到那份令人艳羡的工作。我没有她那么有魅力，所以就只能待在这个平庸的职位上了。”

当人们审视周围比他们成功的人时，常常只是关注那些他们有而自己没有的条件，认为那些是决定他们成功的主要因素。所以这些人总是觉得自己很悲惨，抱怨外界的各种条件，比如他们所在的时代、家庭背景、外形、教育背景等等。他们相信这些外界因素阻碍了他们通往成功和幸福的路径。但是他们忽略了自己已经拥有的可以让他们成功的优势。每个人都有“不公平”优势，但是这些优势往往并不明显，有时候甚至会被错当成劣势。

行动津梁

主动为自己创造优势

我们经常听到一些企业讨论或吹捧他们的“竞争优势”。对一个企业来说，拥有一些竞争对手所不具备的优势，无论这些优势是在产品设计、知识产权、品牌知名度、规则制度、生产绩效，还是环境影响上，对企业在市场上的地位都是很重要的。很多时候，这些优势并不是偶然的，而是这些企业有目的地建立起来的。对个人来说，有一个天然优势当然是非常棒的，你应该充分地利用它。但是没有的话也没什么可懊恼的。你完全可以创造自己的优势。

当一个企业不可避免地因为市场的变化丢掉了它的竞争优势，它通常有两种应对方式：一种是奋力挣扎，在激烈的竞争中试图求得生存；另一种是创造一个新的竞争优势，玩一个对自己有利的新游戏。选择前者的公司通常不会保持自己的市场地位，甚至最后被挤出市场。选择后者的，则可以继续繁荣。过去的几十年里，很多公司由于没有更新他们的竞争优势而失败了。柯达和诺基亚，这两个曾经辉煌的世界级大公司，就是这种惰性的受害者。庆幸的是，他们最终还是从错误中汲取了教训。柯达意识到自己已经在摄影市场失去了优势，而诺基亚则发现了他们在手机市场的霸主地位已经不复存在。于是两家公司转向了新的行业，创造了新的优势，到今天依然是大型国际企业。一些更成功的公司，比如谷歌、苹果、铃木、PayPal，则不断地更新和调整他们的竞争优势，从而在市场上立于不败之地。

如何有效地创造自己的优势呢？第一步，是去发现最适合自己的优势。即使是创造出来的优势，也都不是凭空而来的，而是在自己的天然优势的基础上建立起来的。只有充分利用了你本身的天然优势，才能以最快的速度的最少的成本建立自己的优势。所以我们首先要充分了解自己，对自己的兴趣、能力、个性等有一个清晰和客观的认识。做到这点并不容易，因为每个人对自己的“映像”会或多或少受自身个性的影响。所以我们应该多听取自己信任的人对自己的看法和评价，通过不同的人眼中的自己勾勒出一个更客观的画像。

对自己的天然优势有了深入了解之后，下一步就是去观察什么样的优势会帮助你得到想要的成功，把它们一一列出来。如何寻找这些优势呢？最直接的方法就是观察已经成功的人们，看看他们有什么样的优势。同时对行业的发展方向和未来的需要有一个清晰的认识，让你建立的优势是面向未来的，而不是即将过时的。

第三步则是将自己的天然优势和成功需要的优势进行匹配，找到最适合自己的。这一步做到了，你就可以为自己制定一个行动计划，开始着手创造你的优势了。

我刚刚进入咨询公司工作的时候，就这样一步步为自己创造了优势。我知道自己的天然优势是有很强的分析能力和学习能力。在公司一段时间后，我意识到作为顾问，最重要的工作内容之一就是分析市场和客户的财务数据，建立市场或财务模型。但这项工作也是很多新顾问最头疼的，因为它对分析能力、判断力以及学习能力有很高的要求。我们的客户来自各个行业，有些行业我们甚至从来没有听说过。但要建立模型，就必须对这个行业有一个深入的了解，从而能够收集相关的数据，作出合理的假设，并对数据进行一系列准确的分析，从而得到合理的结论。这一系列工作要在短短的几周内由一个人出色完成是一个极大的挑战，很多同事都觉得很吃力。但我发现自己的天然优势这这项任务中可以得到利用。于是我在进入公司三个月后就在一个新项目中主动提出承担整个建模工作。由于是第一次，我在开始的时候犯了不少错误，导致我好几次都工作到凌晨。但这个过程中我学到了很多建模的技能，而且比和我同时开始工作的同事要早得多。这个项目完成之后，项目经理对我的模型评价很高，并且让很多其他同事做参考。我也很快被大家认为是公司里为数不多的“建模牛人”之一。从此，这就成了我的不公平优势。

从公平的游戏中走开

一些人总喜欢强调玩“公平的游戏”，要“公平竞争”。但是你想要赢的最可靠途径，是在某方面拥有别人所不具备的优势。在生活和事业的很多方面，我们有权利从对我们不利的游戏中走出来，去寻找可以使我们发挥优势的新游戏，不然就很可能最终被强劲的竞争抹杀掉。

今天的社会比以前任何一个时候的竞争都激烈。在这个装着70亿人的小小的星球上，资源总是有限的，所有的东西都得靠竞争来赢得。虽然我们不会像大多数动物那样，因为争抢食物、交配权或领地进行肉体上的交锋，但我们无时无刻不在和他人进行智力上的对抗，来争夺职位、资源、地位、爱情和赏识。而我们的社会又倾向于对什么是最好的工作，哪里是最好的地方，什么是最荣耀的成就等等有相似的见解，于是在这些大多数人都追求的事物上的竞争就不可避免地越来越激烈。这造成的结果就是，成千上万人在“血腥”的战斗中争抢着挤过一座独木桥。虽然有人会成功到达彼岸，大多数人还是会在这个过程中掉下桥。

很多人盲目地在一些自身没有任何优势的事物上竞争。但是如果你和其他人比没有明显优势，怎么能赢呢？一些人觉得他们可以比其他任何人都努力。勤奋当然无可厚非，但是总会有一些人和你有同样的想法，最后导致大家都极其努力却没有得到相应的回报。生命太宝贵了，不能浪费在无果的竞争上。最好还是找一条更好的路吧。

人生中最重要的决定之一，是在哪个游戏里竞争。追求他人建议的事业或人生目标经常是不明智的。没有人比你更了解你自己。你最清楚自己有什么优势，可以建立什么优势。你应该自己选择那个对你最有利的游戏，然后玩出属于你的精彩。

充分利用你的优势

如果你想在生活和事业上拥有持续的成功，就需要不断地根据自己当前的目标和外界条件来调整和适应你的不公平优势。

我在剑桥有一个朋友叫杰克（化名）。他是一名优秀的科研工作者。他的不公平优势，是他对细节超常的敏锐。他的研究课题需要他经常在人类细胞上做实验。这些细胞有的非常珍贵，全世界只有几个样本。当细胞没有被使用的时候，它们会被放在装满液氮的保温桶里深度冷冻。当实验需要某种细胞时，它们就会被转移到冰箱里。

在实验过程中，这些细胞在经过一定的实验处理后会被放在37摄氏度的二氧化碳恒温箱里培养。这些恒温箱里湿度很大，很适合人类细胞生长繁衍，但也是很多种细菌的天堂。在实验室，细胞在恒温箱里被细菌感染是所有人都不希望发生的事情。一旦这种情况发生，所有在那些被污染的细胞上做的实验就都泡汤了。如果实验者没有对被污染的细胞保留种细胞，他可能得花很多的时间和经费去购买新的细胞，并且重新做所有的实验。

因为细胞被污染的后果很严重，实验室所有的人都会很小心，尽量避免细胞污染。但是污染还是偶尔会发生，而这时候大家只能靠熬夜工作来弥补损失了的实验。引起污染在实验室被戏称为“犯罪”，而那个犯下罪行的人则会很长时间都感到尴尬和内疚。

但是杰克在近10年的实验室生涯中从来都没有引起过一次细胞污染。他对实验每一步的操作有极其严格的规则，从开始前如何洗手，到如何转移细胞，他的每一步都会保证没有细胞被污染的可能性。同时，他每次实验都对细胞做备份，所以即使别人污染了恒温箱，他的损失也不会太大。因为他的细心和一丝不苟，杰克的实验成功率总是很高，也很少重新做某项实验。这使得他的研究课题进展很快，事业发展蒸蒸日上，却很少需要在实验室加班熬夜。

几年前，杰克对摄影产生了浓厚的兴趣，于是便开始自学摄影。在出去找摄影题材的过程中，杰克发现自己是一个天生的探险家。他参加了一些攀岩的课程，很快就成了一个技术高超的攀岩爱好者。他热爱大自然，总是把几乎所有的假期都用来探索大自然的美景，从法国乡间的薰衣草地，到非洲一望无际的大平原，到冰岛的活火山，再到巴西的热带雨林。他有一双对大自然不加修饰的美景极为敏感的眼睛，所以他知道在哪个角度欣赏它最好。他对细节极度敏感的优势在摄影上也同样发挥了很大的作用。

在短短的四五年时间里，杰克从一个连单反相机都不会用的外行，成长为世界级风景摄影师。他赢得了多项很有声望的摄影国际大奖。他在摄影这个新的游戏中充分利用了自己的不公平优势，不但取得了巨大成功，而且让自己的生活更丰富、更有乐趣。

第5章 主动选择和改变环境

我们所处的环境对我们的思想和行为有非常大的影响，有时甚至是决定性的。但是这些影响却常常被我们忽略，因为它们往往是隐蔽的、潜移默化的。我们每天看到的事物、听到的声音、交流的人们，都在不知不觉中影响着我们的一言一行及思维方式。如果你在一个正确的环境中，成功就会来得容易得多。而你如果不幸在一个错误的环境中，则会像是打一场攻坚战，需要强大的意志力才有可能向你所希望的方向前进。

多数人都只是被动地接受环境对他们的影响，并不会主动去改变。然而当你意识到环境的重要性之后，你就应该变成一个主动改变和塑造你的环境的人。其实大多数环境因素都是可以改变的，而且往往改起来并不太难。

情绪杀手

我在北大读本科的时候，北京经历了一个破纪录的炎热夏天。虽然只是六月中旬，中午的气温早已超过 40 摄氏度。最要命的是，不但气温高，湿度也接近了饱和，使得整个城市就像一个巨大的桑拿房。在这样的天气里，待在室外或者没有空调的房间里，简直就是摧残。

那时候正是期末考试周，我在两周内有六七门考试。这些考试大多数都是专业必修课，什么数学、物理、化学、动物学等等，每一门都需要大量的阅读和复习才有可能考个不错的成绩。虽然现在的北大每个教学楼都有了空调，那时候只有三栋楼有：一教、理教、图书馆。但是有空调的教室自然要优先安排考试，所以要想在这些地方找到空座位复习是难上加难的事。十次里有九次，我不得不坐在大桑拿房里，一手拿着毛巾不停擦汗，一手拿着水壶不停补水，眼睛则紧盯着书本。

我当时住的宿舍楼也没有空调。虽然每个人都有一个小风扇，但是根本不起作用——风扇里吹出来的风都是热的！晚上基本无法睡觉：躺在床上，保证 10 分钟以内枕头床单全湿。

好不容易熬到了最后一门考试前，我已经被热天折磨得无法复习下去了。我心里唯一盼望的，就是赶紧回到家乡，那里的天气远比北京凉快多了，而且还有冰凉爽口的大西瓜。于是我放下书本，去买了考完试第二天回家的火车票。

回家那天，本来打算坐公交车去火车站，可那时正好是晚高峰，公交车太挤，我的大行李箱根本上不去，于是我叫了一辆出租车。但是很快我就发现有问题：整条街道就像一个巨大的停车场，所有的车都静止不动。

不耐烦的鸣笛声此起彼伏。在人行道上，我看到一位中年妇女正和一位卖水果的小贩激烈地争执着。我的出租车司机看起来很恼火，随手胡乱翻着一本杂志，眼睛却盯着前面那辆一动也不动的大巴。

20 分钟过去了，我们连 50 米都没有走出去。我开始有些慌张了，也被这堵得无可救药的交通搞得有些气恼。这样堵下去，我肯定赶不上火车了。我回家坐火车要 20 个小时，如果错过了这趟，第二天的火车连座位都不会有了，更别提卧铺了。我建议司机想办法绕道，他同意试一下。经过半个小时的穿梭，我们终于离开了主路，拐进了一条小路。

为了避免再一次进入堵车路段，我们绕了一个大弯路去火车站。虽然车费会高得多，但至少我有了一线希望赶上火车。

“这没完没了的热天儿把北京城变成个停车场啦！”司机抱怨道。

“你是说堵车是天热引起的？”我有点不解。

“当然是了。我天天在路上开车，看得清楚着呢。天儿一热，人们的火气就自然上来了，交通事故就多了。这几天我已经遇到好几次交通事故了，还有人们在街上吵架甚至动手的。要是天气凉快点儿，肯定不是这样的。”

很多科学研究都发现，人们之间的冲突和气温有很强的关联。一项研究显示，在非洲，气温每上升1摄氏度，民间的冲突就会增加20%。当然，北京的大热天使得更多人吵架、更多司机开车时不耐烦而导致事故率上升，就不足为奇了。

你所在的环境对你有巨大的影响。你的情绪、想法和行为都会在一定程度上被你周围的环境所控制。这包括天气、噪声、景观，以及你周围的人。有些时候，面对这类问题的最佳解决办法可能就是简单地改变环境。在一个好的环境里，你能够更有效率地做事、更清晰地思考、做出更明智的决定。

当然，对于那个夏天北京闷热的天气，我们能改变的是有限的。但很多环境中的其他事物是可以改变的。所以，你应该多留心周围环境对你的影响。如果这个影响是负面的，你就应该毫不犹豫地去尝试改变它。

涂鸦是元凶

20世纪80年代中期，美国纽约是一个充斥着危险的地方。几乎每天夜里都能听到枪声。几百起犯罪事件每天都发生在纽约的街头和公共场所，甚至家里。纽约地铁更是犯罪分子猖獗的地方。很多普通市民都避免晚上一个人搭乘地铁，因为车上几乎一定会有一些行为不检的青少年。

纽约交通局决定要彻底改变这个局面。他们任命了一位新的地铁总监，叫戴维（David Gunn），让他来监督执行这个即将花费几亿美元的地铁系统重建工程。戴维计划里的第一项重要工作，是要彻底清除地铁车厢上的涂鸦，不留下一点痕迹。他执行这项工作一丝不苟的程度和严格的纪律让很多人咋舌。

一些同事觉得不解。地铁里每天都有很严重的犯罪发生，整座城市的地铁系统几近瘫痪，有很多更严重更迫切的问题需要解决。为什么要先清除那些无关紧要的涂鸦？

“这些涂鸦是地铁系统瘫痪的标志。”戴维说。

在后来的两年里，与涂鸦的斗争在所有的地铁列车上展开了。当列车到达终点站，等着掉头的时候，会有人把每个车厢里里外外都检查一遍，只要有一点儿涂鸦，都会被完全清理掉。任何一辆列车在涂鸦全部清除掉之前都不允许掉头接着运行。

令很多人惊讶的是，这个小小的清除涂鸦行动，和其他一些看似琐碎的行动一起，使纽约的地铁系统发生了翻天覆地的变化。到 90 年代初，列车上的破坏和乱丢垃圾行为基本上消失了，地铁系统里犯罪事件的数量也减少了一半。越来越多的人们又开始在晚上乘坐地铁了。

为什么涂鸦会对地铁里的犯罪率和人们的行为有如此大的影响？这是因为我们所处的环境对我们的行为有一定的支配力。当那些有犯罪倾向的人们看到地铁里满处都是涂鸦时，他们就会潜意识地觉得地铁系统缺乏治安和管理。他们会觉得这里是一个“安全”的作案地点。同时，这些涂鸦也暗示无辜的乘客地铁里是危险和污秽的，让他们觉得乘坐地铁是不安全的。

因此，清理每位乘客在纽约地铁里所面对的环境对重现秩序和安全是至关重要的。地铁车厢干净整洁的环境给了乘客安全感，也让犯罪分子收敛了很多。

一些环境里的小细节可能看起来很琐碎而且很容易被人忽略，比如墙上的装饰画和办公桌上的摆设。但这些细节经常会对人的行为有着隐蔽但深远的影响。它们可能会决定你的情绪，你注意力集中的地方，以及你的行为。

几年前，美国的几位公众营养学家在寻找一个可以让学生和公司雇员午餐吃得更健康的方法。它们尝试了很多不同的办法宣传健康饮食的重要性，鼓励大家减少高糖高脂食物，但是没有一个能够改变大多数人每天午餐时喝可乐、吃巧克力棒的习惯。

这些科学家们决定试一试更直接的方法。要不然干脆把食堂里供给的食物种类改了？它们在一些食堂里完全去掉了含糖很高的碳酸饮料和零食。虽然初衷是好的，但这很快就遭到了大家的抗议。

于是科学家想出了一个新招：改变食品的布置。比如，在一家公司的餐厅，有 3 个提供饮料的冰箱。一个在放餐具的架子旁，另外两个在餐厅另一边的两个角落里。以前，每个冰箱里都提供可乐和矿泉水。

科学家改变了饮料的放置方式。在餐具架旁边的冰箱里，只有矿泉水。在另外两个角落里的冰箱里，和眼齐平的架子上是矿泉水，而底层则是可乐。这个改变似乎微不足道，但是后来发生的一切让每个人都吃了一惊：超过一半的人选择了矿泉水，而没有改变之前只有很少一部分人选择矿泉水，其他都选择了可乐。

在得到这个振奋人心的结果之后，营养学家们又做了一些其他的调整。他们把高热量的主菜的盘子换成小一点的，而把营养健康的沙拉的盘子换成大一点的。这个改变是利用一个心理现象：同样数量的食物，放在小盘子里会看起来多一些，反之亦然。

后来的结果呢？主菜的消耗量减少了大约百分之二十，而沙拉的消耗量则有了显著的提高。

我们可以通过改变环境来改变他人的情绪和行为，比如说使他们情绪缓和一点，更遵纪守法一些，或者吃得更健康一些。我们同样也可以改变自己所处的环境，来刻意改变我们自身的思想和行为。达尔文每天午饭后都会沿着自家花园边上的小径走三圈。小径上恬静的自然环境帮助他清晰地思考问题，使得他写出了世界科学史上不朽的著作。

我博士期间的一位同学则通过改变环境帮助自己完成了毕业论文。开始的时候他无法专心写论文，每天坐在电脑前 12 个小时，有一半都是在网上浏览新闻和各种论坛，另外三分之一是在打游戏，真正写论文的时间不超过 2 个小时。眼看着快要来不及了，他的导师开始催促，他也愁得不行，可就是没办法集中精力写论文。

就在大家都替他着急的时候，他突然消失了。这下同学们可吓坏了，左打听右打听，才知道他搬到乡下“隐居”去了。

两个多月后，他又突然出现在办公室，气色明显好了许多，还笑盈盈的。问了才知道，他的论文已经顺利完成了。原来，他下定决心要找一个可以让他专心写论文的环境，于是删掉了电脑里所有的游戏和娱乐功能，搬到了附近的一个村子里。那里没有网络，没有熟人，房子外面能看到的只是果园和一条幽深的小径。这里没有任何分散他注意力的东西，也没有导师和同学给他的压力，只有他一个人，而他在这里唯一能做的事情就只有写论文。在这样的环境里，他的焦虑和烦躁消失了，思路也更清晰了，于是奇迹般地在两个半月的时间内完成了论文。

主动改变环境的一个重要好处是你不必仅仅依靠自己的意志力来完成你应该做的事。要完全拒绝网络上有趣的内容、手机上的信息、同事和朋友的邀请，不仅很难做到，还会使我们感到焦虑不安。但是如果你周围没有了这些诱惑，专心完成你的工作就容易得多了。开始你可能会有点不习惯，但随着时间的推移，你就会适应这种新的生活方式，新的习惯也就形成了。

价值连城的免费旅行

埃利奥特（Elliot Bisnow）正独自坐在大学宿舍里不停地拨着电话。他希望能尽快将父亲经营的商业地产实时通讯的广告版面卖出去。他下决心要把这个生意做成功，但是作为一个没有任何销售和市场经验的年轻人，他有很多问题需要回答。他希望能成为一个成功的商业人士，而且越快越好。他相信达到这个目标的最好方式，就是从其他成功的年轻企业家身上学习。

于是他想出了一个主意。他要组织年轻 CEO 们一起去滑雪。如何说服他们参加呢？他做出了一个大胆的决定：他会用自己的钱支付这次滑雪旅行的所有费用。于是他向很多年轻的总裁们发出一个谁也无法拒绝的邀请：和来自全美国各个地方的年轻 CEO 们一起参加这个全程免费的滑雪旅行。经过几天废寝忘食地打电话，他邀请到了 20 位青年总裁。

2008 年 4 月，这个旅行在美国犹他州的一个滑雪胜地获得了巨大成功。每个参与者都从旅行中收获了很多。在这 3 天里，埃利奥特从这些成功而有活力的 CEO 身上汲取了很多非常有价值的建议，和他们交换了想法和观点，甚至还在餐桌上谈成了交易。埃利奥特被这群人深深地感染了，对自己将来的成功也信心大增。每个来参加这次旅行的人都有同样的感受，他们从来也没有在一个地方和如此多的年轻 CEO 见面。整个旅行充满了能量和活力，给每个人留下了深刻而美好的回忆。埃利奥特后来开玩笑说，这次旅行是他有生以来去过的最贵的旅行，但他不仅赚回了成本，而且得到了百倍千倍的“利润”。

6 个月后，埃利奥特决定再组织一次这样的旅行。这次他们去了墨西哥。很快，他的旅行就成了一个定期的活动，他起了一个名字，叫“Summit Series”（巅峰系列）。埃利奥特将这个系列活动做成了一个很成功的公司，他自己则很快成为了全美关系最广泛的年轻企业家之一。

你身边的人是你环境的重要组成部分。一项研究显示，当我们看到一个人的面部表情的时候，会不自觉地移动我们自己脸上的肌肉来模仿对方的表情。这种动作，不管有多么微小，会在很大程度上帮助我们理解对方的感受。很多时候，我们根本察觉不到自己在模仿对方的表情，但这是一种潜意识的动作，每个人都会做。这种不自觉的模仿使得我们容易被身边人的情绪所感染。周围的人对我们的影响可不仅仅局限在情绪上。我们也会在不经意间模仿周围人的动作和想法，甚至会逐渐接受他们的世界观和信念。

当你有了一个目标的时候，你需要找到可以帮助你，或在正确的方向引导你实现这个目标的人，并且花更多的时间和他们在一起。就像海狸根据自己的需要来改变他们所处的环境一样，你也可以根据你的目标和愿望来改变你的环境，包括人和物。

有毒文化比噩梦更可怕

大学毕业后，丹尼尔（化名）成为一家办公器材公司的销售员。开始工作之前，他信心十足，准备好好干，走好自己职业生涯的第一步。

工作第一天，他的销售经理扔给他一份有公司名称和电话号码的单子，让他逐一打电话，试图和对方安排一次见面来推销他们的产品。丹尼尔有点摸不着头脑，但还是走进了办公区一角的狭小的电话间，开始打电话。这个电话间除了一张小桌子，一把椅子，一部电话之外没有任何别的东西。他之前以为自己至少能参加一天的培训，问一些问题。然而根本没有人理会他。

算了，开始干活吧。他对自己说。于是他开始打电话。不一会儿他就意识到，这个任务比他想象的难得多。多数电话另一头的人只是没好气地说一句“我们没兴趣”，便挂了电话，甚至都不给他一秒钟说再见。很多时候他根本无法通过接线的秘书这关，因为她们一听就知道是推销的，所以不会把电话转接给他想要的人。但丹尼尔并没有灰心，还是一刻不停地拨着电话。

经过两天的冷电话，他联系到 4 家有兴趣面谈的公司。丹尼尔把这 4 家公司的情况发给了他的销售经理。

“你接着打电话，我来处理这些面谈。”经理回复说。

第二天，一个同事走进他的电话间。“你找到了有兴趣的潜在客户吗？”

“我有几家公司有兴趣面谈。”

“太好了。你能把他们的联系方式给我吗？”

“好的。”

第一周的周五，丹尼尔终于有了一个机会走出窄小到让人窒息的电话间，和销售经理进行一次面对面的交流。他觉得这应该是一个让他学点东西的好机会。他准备了一些问题，兴冲冲地走进经理办公室。可他首先看到的，是一张气恼的脸。

“你有没有把潜在客户名单给别人看？”

“哦，克里斯问我有没有感兴趣的客户，我就把我的单子发给他了。”

“你不能那样做，你明白吗？”

“哦，好吧，对不起。可是为什么呢？”

“他偷走了我的客户！他背着我和你联系到的最大的客户面谈了，并且签了合同。”

后来丹尼尔才知道，在办公室里，销售员之间的关系很紧张。每个人都想从别人手中夺得容易做的、数额大的交易，这样就能拿到丰厚的奖金。当然，如果销售员之间的这种竞争是透明的、友好的，那应该是一个好现象。但事实正好相反。很多人使用低劣的手段从同事那里骗取客户信息，甚至常有一个销售员背着另一个取消了他和客户安排好的面谈，而自己再和这个客户重新约时间的情况发生。

丹尼尔希望自己能学到一些做好销售的技能，但他慢慢发现，在这样一个工作环境中，向别人学习是不可能的。每个人都小心翼翼地死守自己的技巧和客户信息，没有人愿意把经验和智慧传授给新人。他们把新人当做是威胁，而不是朋友。

一年之后，通过自己的尝试和摸索，丹尼尔逐渐擅长与潜在客户交流，并自己做成了几笔交易。但是他的事业并没有什么进展，因为他总是时不时地被卷进一些莫名其妙的政治斗争中，甚至有时候成了别人的替罪羊。他的一些大客户也被同事偷走了。一次，一个同事甚至在客户面前撒谎说丹尼尔给客户高价为自己谋利，客户信以为真，从那以后再没有和丹尼尔打交道。

在这样的环境中，丹尼尔根本无法成长和发展。他决定辞职，跳槽到另一家公司。后来他说这是他做过的最明智的决定。

你一定要仔细留心自己所处的环境。一个好的环境会促进你的成长，帮助你成功。一个有毒的环境，则可能摧毁你的事业，掠夺你的幸福。

行动津梁

对你的环境保持警觉

我们现代人已经习惯了对所处的直接环境视而不见，听而不闻，甚至有些麻木。这是因为现代人类不再像祖先们一样，外界的环境对他们的生活有直接的影响，而且危险时刻潜伏在周围。一场雨可能就意味着下一顿饭没有着落，而诸如老虎狮子之类的猛兽也随时可能威胁他们的生命。现在，多数人生活的环境很方便很安全，有很多复杂的系统来帮助我们、保护我们。这样的生活环境必然有利，但同时它也降低了我们对周围环境的敏感性。

然而，相对安全舒适的环境并不一定是完美的。我们所在的环境可能有这样那样的“毒素”，这些毒素会不知不觉地侵蚀你，除非你保持警觉，它们对你的负面影响往往很难被察觉。

所以我们应该主动地去观察自己所处的环境，思考这些环境因素对我们的影响究竟是什么。不妨时常问问自己：我现在所处的环境在帮助我建立良好的习惯吗？这个环境有没有提供我成长所需的资源和支持？这个环境有没有激发我积极的情绪，帮助我培养良好的个性？我所处的环境会不会帮助我实现下一个目标？

如果你对任何一个问题的答案是否定的，那你大概需要考虑一下改变你的环境了。

从改进物质环境开始

你身处的物质环境的变化会改变你的感受、思想和行为。一个简单的气温升高就会导致更多的冲突和事故。反之，一个舒适的环境会让你更好地集中精力，提高效率，激发你的创造力。如果你想要工作效率高，一定要首先让自己待在一个干净、凉爽、通风、整洁的环境里。

不妨先观察一下你工作的环境，比如你的办公室。这里应该是你精力最充沛、效率最高、最有创造力的地方。当你坐在办公室准备开始工作的时候，问问自己：我周围的环境是在帮助我保持旺盛的精力、良好的心情，让我高效工作吗？如果你的办公桌乱七八糟堆满了文件、书本和喝过的咖啡杯，你的心情八成不会好，效率也高不到哪儿去。如果你的椅子很软，还有一个大靠枕，房间的装饰又是暖色调的，你也许坐一会儿就会昏昏欲睡，感觉像是在家里的沙发上一样。如果你办公的地方很嘈杂，不断有人走来走去，大声说话，那你也许无法集中注意力，工作效率也固然不会高。即使你觉得自己已经“习惯”了这样的环境，它对你的影响也丝毫不会减少。

好消息是，改变这些负面的环境因素往往很简单。不妨从定期收拾整理你的办公桌做起，让自己所处的环境变得整洁有条理，这样你的工作也自然会变得井井有条。如果周围嘈杂的环境无法立刻改变，你也可以在工作的时候戴上隔音耳塞，或者在耳机里放着自己喜欢的轻音乐，把外界的噪音隔绝出去。如果你觉得昏昏欲睡，不妨打开窗户，通风透气，或者出去散个步，让自己的脑子重新清醒起来。

有时候，你需要对自己的环境做一些大的改变，才能让其对你有最正面的影响。谷歌、Facebook之类的大公司之所以花大价钱精心设计公司的办公室，就是为了给员工们提供最适合他们工作的环境。你如果想要为自己创造一个全新的环境，让自己的工作效率有本质性地提高，那么不妨花些力气重新设计你的工作环境吧，你会发现，这是一项非常值得的投资。

让环境助你养成好习惯

大多数人每天都忙忙碌碌，似乎有做不完的事情。虽然大家忙的内容都不一样，但实际上，每个人每天大多数时间都花在了同一件事情上——重复自己的习惯。

什么是习惯呢？习惯就是你不用主动去思考和判断就会产生的行为或思想。习惯不是与生俱来的，而是一个有意识去做的行为，经过长时间的重复而形成的。这个行为开始可能需要外界力量的驱使，比如说别人的督促，手机上设置的定时提醒，同时也需要自己有意识地主动去做。然而时间久了，重复的次数多了，这个行为就逐渐在你的脑子里扎了根，成了你大脑“自动驾驶”系统的一部分。这样一来，这个行为就不会再需要你有意识地主动去做，而会自动发生。

最简单的例子就是刷牙。小时候，妈妈每天早上都要叫我们刷牙，虽然我们不情愿，但在妈妈的威逼下只得顺从。时间一长，我们就不用妈妈再提醒了，早上起来会自动拿起牙刷，开始刷牙。这件事并不需要经过大脑思考，更不需要督促，因为它已经成了我们的习惯。另一个例子是开车。我们刚学开车的时候，必须集中注意力，两眼紧盯路况，大脑飞速运转，生怕某一个动作做错，常常搞得手忙脚乱，大汗淋漓。但是开得多了，每个动作似乎就不需要大脑去思考了，手脚眼似乎可以自动协调配合，开车需要的一系列动作变成了自动行为，这就是习惯形成了。

当然了，生活中很多事情本来就是每天重复的，比如刷牙，吃饭，洗澡，睡觉之类的活动，所以每个人都有这些习惯。但每个人的习惯的细节却是千差万别的。再拿刷牙做例子。每个人每天都刷牙，但是有的人敷衍了事，草草刷一下就完事儿了，有的人则刷得很认真很规范，每次都刷够三分钟。同样都是刷牙，前者养成了坏习惯，而后者则养成了好习惯。

习惯不仅仅是你做的具体的事情，还包括你做事的方式和对不同事件的反应。这些细节也许我们很多时候都不会在意，却对我们的工作和生活有很深远的影响。比如说，当你的上司给你一个新任务的时候，你首先想到做什么？有的人会先坐下来仔细研究任务的目的和要求，计划好要怎么一步步完成，然后开始行动。另一些人则会立马开始干活，想到什么做什么。还有一些人则立马抓起电话找同事咨询这件事情要从何做起。你也许不会每次都遵循一样的方式，但大多数时候，你会按照自己最熟悉的方式来做事情，这就是你的习惯。

习惯的养成是需要时间的，而一个习惯养成之后，除非你刻意地做出改变，否则这个习惯就会跟着你一辈子。这些习惯也许会决定你的人生是否成功，是否健康，是否快乐。所以你不能任由坏习惯带着你走下坡路，而是要主动地让自己养成更多的好习惯。

很多人都尝试过养成好习惯，比如每天早上吃营养早餐，每天晚上睡前做瑜伽，每周末读一本好书，等等，但是大多数人都是开始热情洋溢，很快就会因为这样那样的原因错过几次，后来就不了了之，回到了自己的老习惯。很多健身房利用人们的这种惯性，在年初的时候用各种打折送礼等促销招数把健身年卡卖给比健身房的接待能力多得多的人，而一点儿也不担心之后健身房没有足够的地方，因为他们很清楚，大多数人来几次就不会再来了。

当然，要想养成好习惯是一件非常不容易的事情，因为这通常需要我们动用强大的意志力来“逼”自己改变原来的习惯而做一件新的事情。即使这件事情是对自己有好处的，人的惰性也会让我们下意识地“抵触”。包括我们人类在内的生物经过上亿年的进化，形成了保护自己的各种机制，其中一个就是我们的身体会用一切办法节省能量。而动用意志力是一件很费能量的事情，所以我们的身体是不会主动去做的。

那有没有一种方法可以让我们少用甚至不用意志力就能养成好习惯呢？有。其中最有效的一种，就是利用自己所处的环境，让它帮助我们形成好习惯。

我从小就对巧克力情有独钟。到了英国之后，我欣喜地发现，英国的巧克力既好吃又便宜，而且超市经常有买一送一的活动。于是我每周去超市都会买一大堆巧克力，在卧室、厨房、办公室都放一些，一闲下来就忍不住大吃特吃，有时候一天就能吃掉一大包M&M，或者一块200克的吉百利。

几个月后，我意识到这样下去自己的身材就没法保持了，于是决定改掉猛吃巧克力的习惯。一开始，我逼自己去超市的时候不去逛卖巧克力的区域，但是这样一来我就没有巧克力吃了。完全不吃哪儿行！毕竟巧克力是我的最爱，况且少吃点也没什么害处。但是如果买了，我一看到就忍不住要吃一块，而且一包巧克力一打开，我就有一种不见底不罢休的冲动。怎么办呢？

我很快想出来一招儿。从超市回来，我打开一块吉百利，一小块一小块地掰开，用纸把每一小块包起来。然后我拿出其中七块放在橱柜上的一个小盒子里，其余的巧克力全部放在储藏柜的最深处锁起来，钥匙则放在电脑包里。这把钥匙只有每周五回家的时候才会被带回去，因为我只有周五才会把电脑包带回家。这七小块巧克力是我每天晚饭后给自己的奖励，除此之外，在任何地方，都找不到巧克力的影子。每周末，我会从储藏柜里拿出下一周的七小块巧克力，其余的再锁起来。

同时，我买了一些水果、杏仁、酸奶等更健康的零食，每天定量带到办公室。日子久了，我见到巧克力就想吃的冲动渐渐消失了，即使有一大块放在桌子上，我也会每天一小块地慢慢享用。而饿了的时候，我会习惯性地拿一个苹果或者香蕉来，而不是吃掉一大块巧克力。

我的一个好朋友也用了类似的方法帮助他养成每天锻炼的习惯。这个朋友平时工作很忙，即使他有健身房的年卡，也没去过几次。后来有人建议他跑步，他也是跑了几次就因为天冷、太麻烦等理由放弃了。一次去另一个朋友家做客，发现他的卧室门上横挂着一根杆子。问了才知道，这根杆子叫“门上健身器”，可以用来做引体向上、俯卧撑等动作。之所以挂在门上，是图个方便：只要从这个门走过，他就会顺便做几次，因为每天都会从这个门走几次，所以在不知不觉中每天都锻炼了。

这位朋友立马得到了灵感，回到家也买了这个门上健身器，还买了哑铃和健身单车，放在客厅里。每天晚上一回到家，他第一眼看见的就是这些健身器材，于是就先在上面锻炼锻炼再去做别的事情。久而久之，这成了他放不掉的习惯，即使肚子饿得咕咕叫，也会锻炼个十几二十分钟才会去找吃的。

我们的很多习惯都是由环境决定的。所以不妨好好利用这个关系，为自己创造一个适合的环境，让它来帮助我们形成良好的习惯。

和你希望成为的人在一起

你大概听说过这样一种说法：要想知道一个人如何，看看和他最亲密的五个人就可以了。这句话不免说得有些绝对，但它所传达的道理是很深刻的：我们的行为和思想，都深深地受到和我们经常在一起的人们的影响。

你周围的人对你的影响会比物质环境更深。和特定的人群相处久了，你会多多少少被他们的言语、行为、思想所感染，甚至你的人格和能力会变得和他们非常相似。所以你要多和自己想要成为的人在一起，并主动地躲避那些可能会把你拖下深渊的人。

美国的青少年吸毒比例较高，在一些州甚至成为一个严重的社会问题。虽然很多戒毒所可以帮助绝大多数青少年完全戒掉毒瘾，但是他们发现很多青少年在走出戒毒所回到社会中之后不久又重新开始吸毒。经过研究和调查，他们发现了其中最大的原因：这些青少年回到自己之前所在的社区里，重新和之前的朋友在一起，而这些人中有很多吸毒者或者毒贩，在他们的影响下，原本戒掉毒瘾的人就重新开始吸毒了。

所以要让这些青少年彻底戒掉毒瘾，就要让他们脱离原来的环境，和新的人群接触。当这些青少年在走出戒毒所后被送进新的学校，接受正规的教育，在没有毒品的社区生活后，他们就再也不会回到瘾君子的生活了。

我们人类是群居动物、社会动物。我们离不开其他人的存在，必须和其他人交流和共事。在这个过程中，我们相互影响，相互学习，相互比较。我们强烈地希望周围的人能够接受我们，喜欢我们，认可我们。在这种欲望的驱使下，我们不自觉地说别人希望听到的话，做出和别人相似的行为，渐渐地，也就会形成和别人相似的价值观和思维方式。

当你决定了自己想要成为一个什么样的人之后，你就要想方设法和这样的人在一起，接受他们的熏陶和影响。我们进入一所优秀的大学或一家声望很高的公司，得到的最大好处并不来自于大学或公司本身，而是那里的人。如果你的周围充斥着优秀的人，你想不优秀反而是有些难度了。

在现在这个可以随时获取信息的时代，改变环境变得越来越容易了。如果你不喜欢所在公司的文化，只要在网上一搜，就能找到你想要的招聘信息。如果你不喜欢自己所在的社区，在网上浏览几个论坛，问问热心网友邻近社区的特点和环境，你总能找到一个自己喜欢的。如果你想要找到一些能够提高你的正面情绪的朋友，你只需要在网上搜索那些你感兴趣的社交活动，然后去参加，就有机会找到你想交往的新朋友了。

第 6 章 别总听老师的话

不上高三上北大

在我刚刚开始上高二的时候，撕心裂肺的偏头痛突然频繁向我袭来。严重的时候，我的眼睛一见光就流泪，根本没法看书看黑板。有时候整个脑袋感觉就像随时都会爆炸一样。父母带我走遍了全市所有能想到的诊所和医院，以及各种中医堂。但这一切似乎都是徒劳。偶尔头痛会消失一两天，可是刚刚松一口气，它又会在我坐在教室里听课或自习的时候不期而至。头痛使得我根本没有办法在课堂上集中精力听课，所以大多数时间我都只能请假在家待着。

高二快结束的时候，我的头痛终于有了好转，但另一个让人头疼的问题又来了。我错过了高二大部分的课程，可会考还有几周就开始了。我的老师建议我推迟一年考，因为他们觉得几周时间肯定不够我补上落下的功课。但是那对我来说会是一个很糟的选择——推迟会考一年意味着我下一年有可能不能参加高考，因为下一次会考就得在高考之后了。我可不想在学校再浪费一年时间。于是我决定和其他同学一样参加当年的考试。接下来的几周我专心在家自学准备考试，后来的会考中，我发挥得还不错。

会考成绩出来后，我的老师们都有一些吃惊。除了一门科目是 B 之外，其他每门都是 A。如果我高二没有落下一节课，考试结果估计也不会有太大区别。

这个结果似乎让我幡然醒悟。从开始上学起，我一直都每天坚持去学校，多数时候都会完成作业，偶尔甚至得熬到半夜，就为了把老师布置的作业做完。但是我一点也不喜欢做这些。过去几周的在家自学回想起来还蛮享受的，很自由很惬意。而且最后考试的结果也和如果每天都去上学会得到的结果差不多。既然在家学习效率高，而且更舒服更自由，为什么还要去上学呢？于是我立刻有了一个绝妙的主意：高三在家自学，不去学校了！

我还有其他的理由来支持这个想法。我发现吵闹又不通风的教室加上每天繁重的课业负担是我偏头痛发作的元凶。后来那位成功帮助我减轻头痛症状的医生建议我要待在通风好的地方，经常休息望远，多喝水，尽量不要有压力，晚上早睡。如果我每天都去上学，肯定做不到这些。而且即将到来的高三绝不会比以前更轻松。这一年被很多学生戏称为“地狱年”，压力是可想而知的。

于是在高二的暑假期间，我做了一个大胆的决定：高三不去上课，不做作业，而是在家按照自己的节奏复习备考。

高三开学后，我跟老师说了自己的想法。他们觉得这简直不可思议，拒绝了。我一点也没感到意外。大概没有哪个正常的老师会对我这个疯狂的要求直接点头的。

幸运的是，我的父母全力支持我的决定。他们在过去的一年里看到我受尽头痛的折磨，也意识到既要去上学又要控制住症状是一件多么困难的事情。现在好不容易减轻些了，他们当然希望我能在家待着，按照自己的节奏作息。

计划 A 不成，我就开始执行计划 B。我的偏头痛还没有完全恢复，所以可以请病假。于是爸爸每天给班主任老师写病假条，就这样坚持了一个多月，班主任的办公桌上已经堆了一厚叠我爸爸手写的病假条。老师自然不会太高兴，但她知道我有偏头痛已经有一段时间了，也没什么可以说的。很快，我参加了第一次高考诊断考试，结果很令人鼓舞——我的成绩在全年级排第三。班主任对我的成绩很满意，后来就逐渐开始对我不来学校、不做作业的事实睁一只眼闭一只眼了。

在后来的全市诊断考试中，我的成绩在全年级排第一，全市排第九。这个结果无疑是我在家自学效果不错的有力证据。于是我又问了班主任自己是否可以继续在家自学，她微微点了点头，但还是说："我认为有些课你最好还是来听一下，不然你有可能错过很重要的东西。毕竟，老师们要比你有经验多了。"

但是我相信自己可以很好地利用手头的书本和模拟卷子，做好高考复习。事实证明，我的选择是正确的。后来的高考中，我考得不错，被北京大学录取了。

如果我当时遵循了学校的系统，听了所有的课，做了所有的作业，我也许不会考上北大。如果我没有考上北大，后来也不太可能去剑桥大学读书。我不去上课的行为没有对学校造成什么损失，而我能考上北大对学校来说无疑是一件好事。虽然说服老师接受我的做法并不容易，但正是因为我根据自己的情况“修改”了这个系统，才创造了双赢的局面。

推特的创始人之一 Biz Stone 在他的书“Things a little bird told me”里描述了自己小时候的“无作业政策”。在他上中学的时候，开始他计划每天按时完成老师布置的作业。但很快他就发现这个计划一点也不现实：他每天放学后必须去练球，然后要去超市工作几小时，之后才能回家吃饭。但是到家就已经晚上 9 点了，如果晚饭后再做作业，就得熬到凌晨 4 点才能做完。但他又不能放弃练球或超市的工作。于是他决定给自己定一个“无家庭作业政策”。

令他惊奇的是，在他把自己的无作业政策向老师们游说一番之后，老师们虽然觉得他的要求很好笑，但竟然都同意了。后来他虽然再也没有做家庭作业,学习成绩却一直不错。他发现每天做那一大堆老师布置的作业其实对他的学习没有多大帮助。因为不做作业，他每天在课堂上都非常专注地学习，争取在学校把所有的知识都消化了。这不但让他节省了时间，还提高了学习效率和兴趣，真是一举两得。

我不是在说老师们都是错的，或者学校是浪费时间。老师是值得我们尊敬的，他们在社会中发挥着无可替代的作用。要让一个庞大复杂的社会正常运转，我们需要很多固定的系统，而学校就是其中非常重要的一个。这些系统是社会这个大机器中不可缺少的零件。

但是这些系统不是为每一个个人而设计的，而是为整个社会良好运转设计的。作为一个独立的个人，你不能简单地认为你所在的系统会提供最适合你的东西，而父母、老师和其他周围的人也不一定准确地知道你最想要什么、最擅长什么。你必须自己去探索和发现，开拓最适合自己的道路。

自己的方向盘自己掌控

我的一个名叫莉莉的朋友从小学到大学一直都是模范学生。她学习非常刻苦，很听老师的话，每次考试都能取得很好的成绩。高一结束的时候，她的化学老师鼓励她参加化学奥林匹克竞赛。“你化学学得很好，我觉得你应该试一试。如果你得奖了，前途一定是无限光明的。”

莉莉点了点头。她当时对奥林匹克竞赛一无所知，但是她相信老师是对的。新学期一开始，她就报名参加了学校组织的奥林匹克周末辅导班。不过她之前并没有想到，从那开始之后的一年中，她的所有周末都被准备化学奥赛占据了。

即使是过年前的两天，当家里所有人都在忙着办年货装饰房间时，她还在教室里绞尽脑汁思考着化学反应式。她并不喜欢这样，但她记得化学老师告诉她的话：如果得了奖，她就会有美好的未来。

她的努力没有白费。之后的比赛中莉莉顺利地通过了全国初赛和复赛，在决赛中拿到了一等奖，被选入国家队参加国际化学奥林匹克竞赛。她的化学老师很兴奋。

“你真是个争气的女孩。你的大好前途不远了！如果你在国际奥赛中得了金牌或银牌，就会被重点大学免试录取。你到时候就是咱们学校的明星了。”

莉莉也是这么想的。老师们一直都很喜欢她。她相信，只要听老师的，就不需要担心自己的未来。

于是她学习更努力了。她放弃了所有的休闲时间，没有和班里其他同学一起听课，而是每天花 16 个小时学习化学。有时候她觉得无聊和沮丧，但是她仍然坚持着。

在高二结束的时候，她在国际化学奥林匹克竞赛中获得了金牌。这是她自己都没有想到的。她高兴极了。

她真的成了学校的明星。老师们都谈论着她，祝贺她，告诉她将来她一定会有一个无限美好的未来。过去一年的辛苦在这时候看起来都是值得的。

后来她被保送到北京大学化学系。她的化学老师为她感到无比自豪。

“你是我学生中最聪明的一个。在大学继续努力读书，之后去美国读博士。你是注定要成为一位教授的。”

但是现实的玫瑰色在她进入大学后开始一点点退去了。准备奥林匹克竞赛那整整一年没完没了地学习化学后，她对这门学科已经有些厌烦了。而大学里的课程似乎更加糟糕。她尤其不喜欢那些化学实验室，里面难闻的气味，和看起来让人起鸡皮疙瘩的五颜六色的化学试剂。更让她不安的是，她在实验里使用的很多试剂都是有毒或者有强烈腐蚀性的。

但是她不知道自己应该怎么办。她觉得自己似乎已经注定要致力于化学了，就有责任和义务继续下去。虽然她从来都没有喜欢过这门学科，但是她最崇敬的老师们告诉她应该继续下去。她们一定是对的。不是吗?

第一年暑假回家乡后，莉莉去看她的高中化学老师。她小心翼翼地告诉老师自己的苦恼。

“不要这么轻易就想放弃。你已经在这条路上走了这么远，而且比其他人走得都好。对绝大多数学生来说，进北大是一个不可能的幻想。而你现在是北大的学生。你只是还没有习惯大学生活。你的前途会很光明,你只是需要有点耐心，继续好好学习。你会慢慢习惯并且喜欢大学生活的。”

她又一次听了老师的话。但是生活并没有变得更好。她开始讨厌那些没完没了的课程、实验和考试。她觉得有点内疚。她知道自己是在全国顶尖大学读书，有最好的老师和最棒的资源供她享用。她觉得自己本没有权利抱怨，但她需要别人的建议。她觉得大学老师也许可以帮她，于是她去了系主任办公室寻求帮助。

“我理解你的沮丧。不用担心，我们会尽力帮你。我建议你试着选一些其他的课程。如果你不喜欢理论化学，不妨试试应用化学或者药理学？你可能会对这些感兴趣。”

系主任的建议似乎为她开启了一扇门。于是她按照主任的建议做了，然而这些课程并没有让她更感兴趣。她又陷入了沮丧。

大三了。她发现自己的同学们都在读一本红色封面的书。他们告诉莉莉，他们在准备 GRE 考试，这是美国研究生的入学考试。

“你也应该开始准备了。”她的室友说。“你需要在这一学年结束之前把 GRE 和托福考了，这样才可以在大四开始的时候申请美国的博士项目。”

“哦……”莉莉有点茫然。博士？这难道不是意味着再来好几年的化学实验？她不清楚自己是不是也应该申请博士，但是周围所有人似乎都在准备 GRE。她问了系里就业部的老师。

“咱们系 80% 的学生都会申请读博。成绩好的 50% 会去美国，其他的会留在咱们系或者去中科院之类的全国顶尖科研院所。剩下 20% 不申请博士的，通常都是专业成绩不怎么理想的。你的成绩在前 50%，应该去申请美国的博士项目。这是咱们系学生最好的选择。”

于是莉莉选择了这个最好的选择。她考了 GRE，然后申请了美国的研究生院。经历了一些被拒的沮丧之后，她收到了美国一所不算最好，但也不错的大学的录取通知。

在一次经验交流会上，一位已经毕业、正在美国读博士的学长说："美国博士至少得 5 年。如果你很幸运，发表一两篇有不错影响因子的论文，也许可以在 5 年后毕业。但这很难。大多数人都需要 6 年，有的 7 年。我听过的最长的用了 9 年才毕业。"

"大多数美国的博士项目都很辛苦。前两年，你要听课考试，辅导本科生，给他们改作业，还得做你的博士研究课题。两年后你虽然不用再考试了，你的导师会在背后不停地催着你做实验发文章。"

莉莉有点害怕了。她不敢想象自己再做六七年的化学实验。美国也许是很多人的梦想之地，但她对即将到来的新生活并没有多少期待。

但是她又能做什么呢？她目前为止一直都按照她心目中的"权威"的指引一步步往前走。但平生第一次，她觉得应该对自己的人生有一些控制权了。

三年后，莉莉离开了研究生院。她之前向系里申请把博士项目改成硕士项目，已经毕业了。她在国内的一家制药公司找到了一个研发主管的工作。"我现在做研发，但主要是项目设计和管理，不用我自己做实验。我的计划是两三年之后转到业务发展部去。"她对父母说，脸上带着微笑。"我对研究院所并不感兴趣。现在我找到了自己喜欢的地方。"

莉莉的故事有一个让人欣慰的结局，但是我的很多同学和朋友们还挣扎在"权威"指给他们的路上，却不知道怎么改道。这并不是因为他们没有走另一条路的能力。他们是北大清华或者剑桥牛津走出来的聪明能干的优秀人才。如果他们有了一个明确的目标，没人能挡得住他们。真正的问题，是他们没有让自己从“听从权威”的思维模式中完全走出来。

你还记得小时候的学校生活吗？

我当时一点也不喜欢学校。那里有太多的规矩和限制。每天从早上 7 点到晚上 6 点，每个人都必须做同样的事情，遵循同样的规则。晨读、听课、早操、再听课、回家吃饭午休、回学校接着听课，然后自习。好不容易可以回家了，还有怎么也做不完的作业。每天都是以同样的模式机械地重复着。

不幸的是，学校的影响经常会被我们带到成年，甚至整个人生。其中一个影响很深的概念，就是依靠权威、机构、长辈、老板等来指引我们的人生。在学校，我们每天的任务就是不假思索地听老师的话。所有的人都教给我们，老师是绝对权威，不管他们说什么，我们都要记住并遵守。如果数学老师对一个小学生说：“你的数学没希望了。你最好还是学学文科吧。”这个学生很可能会认为老师是对的，于是认定自己学不了数学，从此之后也不会在数学上下功夫了。

刚上小学的前两年，我并不是一个快乐的小女孩。从早上迈进教室的门槛开始，我就盼望着时间快点过去，好赶紧回家。但是后来我意识到我的盼望并不会让时间过得更快，反而还有相反的效果。于是我决定自己给自己找乐趣。当老师讲的课很无聊时，我便埋头看自己带的书。我逐渐在校内外培养了一些兴趣爱好，比如吹长笛、做航模、读小说、看纪录片等。我没有把老师说的一切都当做是“真理”，而是用自己的思考和推理作出判断，然后根据自己的判断行动。

幸运的是，父母在我童年的时候给了我做决定和支配时间的自由。从开始上学起，我基本上都是自己给自己做决定的。不上学的时候,如何支配自己的时间也都是由我做主的。父母没有因为我没做家庭作业而骂我，而是允许我追求自己的兴趣。当时没觉得有什么，但现在回头看来，我意识到自己童年时的自由对我的人生起了非常重要的作用。

以学校为主导的正式教育系统帮助了很多人，是社会不可缺少的一部分。但是我们作为教育系统的受益者，也应该对这个系统的不足之处有清楚的认识，才不会成为它不可避免的缺点的受害者。

行动津梁

别人的忠告未必是真理

寻求别人的建议和忠告是无可厚非的。当我们需要做出一个复杂而重要的决定时，听听别人的建议往往很重要。但是听建议的潜在危险是把别人的建议当做是“真理”，严格遵守毫不含糊，却没有自己仔细琢磨琢磨。你所有听到的建议和忠告都只是对方的想法而已。每个人都对不同的事物有不同的看法，这些看法不一定对你来说是正确的，即使这些建议是来自专家或者权威人士。他们也许对某个领域很了解，但他们并不一定对你有多了解。为你做决定的最佳人选，永远都是你自己。

对莉莉来说，当化学老师建议她应该去参加化学奥赛时，老师觉得这会对莉莉的将来有很大好处。这也许是基于这位老师自己对奥赛的理解以及莉莉化学成绩很好的事实。但她不知道莉莉是否真的喜欢化学。她不知道莉莉是不是想在大学里学化学。她不知道莉莉是否有其他的兴趣和天赋。她也不知道莉莉将来想追求什么样的事业。她的看法无疑还受到她是化学老师这个事实的影响。在她心里，拿化学奥赛金牌是最光荣的成就。如果莉莉拿了金牌，她作为培养她的老师自然会觉得很自豪，可能还会拿到奖金。所以化学老师会认为自己的建议是最好的，但这并不说明她的建议对莉莉是最好的。

我们不光直接从别人的言语里接受建议，还会间接地被身边人的行动所影响。作为一种社交动物，人类总是会感受到来自于与自己在同一个社交圈子里的人的无形压力，尤其是与自己年龄和地位相仿的人。当莉莉的同学们都在准备GRE考试、申请美国博士项目的时候，她感到一种巨大的压力迫使她加入他们的阵营。如果她不去准备GRE或者申请美国名校，她会觉得比别人差、被别人落下、很有失落感。我们每个人都会或多或少地寻求和我们有相似年龄和社会地位的人的认可和接受，而最直接的方式就是和他们做相似的事情。但是我们不应该因为这种压力，而放弃自己的兴趣和目标，踏上一条不适合我们的道路。

主动让系统适应你的需求

我们在每个人生阶段都会处于一个或多个社会系统中。你所在的社会系统会为你铺好一条特定的道路。这些系统包括你所在的学校、大学、公司、行业、家庭等等。除了这些明显的系统，你经常会同时身在一些隐藏着的系统里，比如你所在社区的文化，那些潜在的社会规则，以及你周围人的价值观和信念。

这些系统是很重要的，因为他们把人们凝聚在一起，让社会有秩序有规律地运行，让每个人都有归属感。但是你不能完全依靠这些系统为你指引人生的路。你应该自己决定自己的方向，在不伤害他人利益的前提下，如果有必要，不妨修改你所在的系统，来适应你的需求。

比如说，我们的大学是为社会输送高级人才的一个系统。这个系统从社会整体角度来说，设计得是很合理的：它有不同类型、不同等级的大学，来培养不同层次的人才；它设置了各种不同的专业，来为社会各个领域输出拥有相应专业技能的人才；同时，它有一个相对公平的筛选系统可以将不同的人才输送进相应的大学，而学生则可以根据需要自由选择专业。这种安排似乎很完美，但对每个个人而言，就不一定完美了。首先，大多数学生选专业的时候都没有足够的信息来选择真正适合自己的，同时受其他因素影响，他们选择时考虑的也不光是兴趣。所以很多人进入大学后发现自己选错了专业。但是这个系统并没有给大家充分的自由来“修改”自己的选择，而是将每一个已经进入这个系统的人按照预定好的道路来引导。一个选错专业的学生如果这时候还按照系统的路子前进，就可能不会开心，也不会进入一个自己喜欢的职业。所以这个时候，他就需要适当修改这个系统，来适应自己的需求。比如说，他可以尽量少修本专业的课，多选修自己更感兴趣的课，甚至去修第二学位。他可以不像周围的同学们那样准备考研或者出国，而是利用业余时间在自己感兴趣的行业做一些实习或者实践项目。他可以多和其他院系的同学交流，了解他们是如果规划未来的，从而以此作为参考，为自己设计一条不一样的路。

但是有时候，要偏离系统指给你的方向并不容易，因为你会不可避免地遇到一些来自权威、家庭、朋友、社会等等的抵触，或者需要付出比大多数人更多的努力。但是你如果希望能创造真正属于自己的人生和事业，就应该大胆一些，让你的“与众不同”成为一件很自然的事。

第 7 章 开除让你头疼的老板和客户

名气大的导师不见得好

我大学时有一个好朋友叫简（化名），她是一名非常优秀的学生，也很热爱生物医学。本科毕业时，她得到了一所美国知名大学的生物医学博士录取通知。

入学之前，简需要自己选择导师。这天她在网上浏览着教授们的介绍，试图找到一位自己感兴趣的教授。很快她的视线停留在了一个她听说过的名字上。这位教授在简感兴趣的领域里是元老级人物，还曾经被提名诺贝尔奖。简很钦佩他的科研成果，想到自己可能有机会成为他的学生，就已经激动不已了。她毫不犹豫地申请了这位教授，很快就得到了这个教授唯一的博士生名额。她欣喜若狂。

博士开始第一天，简和这位教授见面了。他有 80 岁了，稀疏的头发完全是银灰色的。

“我有一个非常有趣的主意来给你做博士研究的课题，”他说。“如果你能把这个课题做出来，你就有可能得诺贝尔奖。”

之后的 20 分钟，导师一边在黑板上写写画画，一边给简讲解他的想法。简听得很激动。虽然她并不完全理解教授的理论，直觉告诉她，这个课题一定很值得做。“他是一个超级聪明的教授，”简对此深信不疑。

短短的导师见面会结束后，她立马开始着手研究这个课题。但是没过多久，她就遇到了各种各样的障碍。她急切地需要帮助，但是导师似乎总也不见人。简问了同实验室的学长，才知道看不到教授是很正常的。“他现在只花不到一半的时间在工作上。毕竟，他早已过了退休的年龄，还时不时地到各个学术会议做演讲，所以很少来实验室。你还是不要指望他来回答你的问题吧。”

既然得不到导师的帮助，简决定通过其他途径试着解决问题。她大量地阅读各种相关文献，尝试了不同的实验，并且向系里其他导师和学长寻求帮助。实验室比他年长的博士生和博士后们热心地帮助她理解一些晦涩的概念，安排一些复杂的实验。但是他们也不知道如何帮她设计这个项目。“这个课题咱们系似乎没有人涉及到过。你应该咨询一些这个领域的专家。”

经过一年的无果努力，简决定去参加一些相关领域的学术会议，问问这个领域的其他专家学者。在博士第二年，简参加了至少五次大型学术会议。会议期间，她从参会人中挑出和自己的课题相关的人，想方设法找到他们问问题。但每次她描述完自己的课题之后，得到的答复都大同小异："这个想法很好，但这个课题太庞大了，听起来似乎无法在几年之内靠你一个人解决。如果你想按时拿到博士学位，建议还是换一个课题吧。"

简开始并不相信，继续坚持尝试。但到了第三年，她不得不接受这个残酷的现实：她的课题仍然没有太多进展，即使她已经在实验室没日没夜地干了很久。这个项目需要很多时间、很深的专业知识以及很好的运气，才有可能有成果。这样的课题大概更适合一个有丰厚资金而没有时间限制的经验丰富的团队，而不是一个想要早点拿到学位的博士生。

她终于意识到，自己需要改变现状。于是她找到了系主任，向他解释了自己的情况。系主任批准了她换导师的请求。

"我很清楚，做你目前导师的学生很不容易，"系主任对简的处境深表同情。"他有很宏伟的想法，但是他的注意力已经不在培养学生上了。有一个年轻一些的导师会对你的发展更有好处。"

简换了一个新导师，之后的一切都很好。她脸上的笑容很快又回来了，对生物医学的热情也重新燃了起来。但是她之前的三年时间，却再也找不回来了。

"我学到了很重要的一课。最著名的科学家不一定就是最好的导师。作为一个学生，我需要的不是导师的功成名就，而是他的指导和帮助，和他对培养学生的热情。"

简一开始选错了导师。虽然这位老教授在科研上的成就很突出，但对简来说，他不是一个好“老板”。简换导师是一个正确的决定，但她如果更早一点做出这个决定，损失就会小一些。我们每个人都不可避免地会遇到不称职的老板。幸运的是,换老板在我们现在的时代并不困难。如果有必要，你就应该毫不犹豫地“开除”你的老板，即使这意味着离开他，重新开始一段新的旅程。

给老板一个教训

丹（化名）在伦敦的一家战略咨询公司工作。他刚工作不到六个月的时候，加入了一个新的项目，由一个他还从来没有共事过的合伙人罗宾（化名）带领。

在咨询公司里，合伙人是老板，他们负责和客户签约，并监督项目。咨询顾问们不总是和同一个合伙人工作。每次分配到一个新项目，就是一个全新的团队，合伙人也可能不一样。

这个新项目需要整个团队去位于另一个国家的客户所在地工作。丹很兴奋，因为这是他第一次出国做项目。可项目开始后没几天，他就意识到罗宾不是一个令人愉快的老板。他总是向客户过度承诺，然后让他和同事们没日没夜地赶根本无法按时完成的工作。第一周，丹每天的工作时间达到

18 小时。而这还不算最糟的。每次丹好不容易弄明白了罗宾想要他做什么样的分析，开始有不错进展的时候，罗宾就会突然问丹在做什么，要不然就是给他加更多的工作，要不然就改变主意，让丹重新开始做另一种新的分析。这使他的工作变成一团乱麻，根本无法进行下去。丹最后不得不整个周末都用来加班，才满足了罗宾的要求。

第二周，团队的每一个人都精疲力竭。但是罗宾丝毫也没有减缓没完没了增加工作量和不停改变主意的节奏。周三晚上，确切地说是周四凌晨 2 点的时候，丹觉得有些不舒服，想回房间休息一下。“我明天早晨会把这个做完的。”丹对罗宾说。“我有点不舒服，想回房间休息。”

“你今晚把这个做完好吗？我需要明天一大早审阅这部分报告。”

“这部分报告还需要一天的时间才能全部完成。我会在今晚做完前一半发给你，应该足够你明早审阅。明天白天我会把另一半做完。”

罗宾同意了。

于是丹一直工作到凌晨 4 点才回到酒店。他拖着疲惫的身体勉强冲了澡，把手机闹钟设到早上 6 点半，然后在 4 点半的时候躺下。

早上 7 点多，丹正在吃早饭，罗宾却在电话里向他叫喊起来，问他为什么只做完了报告的前一部分。不知怎么的，罗宾完全忘记了这是他们几个小时前说好的。丹终于受不了了，疲惫加沮丧加剧烈的头痛，使他无法再继续工作。于是他买了回伦敦的机票，给罗宾发了电子邮件说自己生病了，需要立即回家，并抄送给项目团队的其他同事。

周五，丹来到公司办公室，和另一位合伙人托马斯聊了一会儿。托马斯和丹的关系不错，而且知道罗宾的工作习惯。

“我听说你前两周几乎没怎么睡觉。”托马斯说。

“是的，我昨天大概是因为太疲劳才生病的。”丹点了点头。

“你现在应该立刻回家休息。这个周末尽量不要工作，好好休息调整。即使罗宾周末又让你加班，也不要太在意。”托马斯说。

丹点点头，向托马斯道了谢。

回到家，丹终于可以安心地躺下休息了。但是平静并没有持续多久。周六早上，丹接到了罗宾的电话。罗宾让丹解释他建好的公司财务模型的一些细节。丹几天前在创建这部分模型的时候已经和罗宾详细讨论过了，而罗宾当时完全同意了丹提出的结构和方法。现在罗宾似乎完全忘记了当时的讨论，对这部分模型展开了各种吹毛求疵，并要求丹重新用另一种方法建立这部分模型。经过一小时徒劳的讨论，丹意识到要让罗宾满意，这周末他非得工作30小时不可。正当丹在脑子里快速思考着如何应对这个局面时，电话突然断了。丹愣了一下，随即关掉了手机。

丹知道罗宾打不通他的手机会不高兴，但是在电话里无休止地纠缠下去结果可能会更糟。他发了一封邮件给罗宾，承诺自己会在当天完成罗宾提出的一些比较重要的额外工作，并重申了模型目前的结构和方法已经是最优化的，客户在几天前的沟通中也对模型的结构很满意，所以建议先不变动，如果下周客户提出其他要求可以再做相应改动。罗宾回复说 OK，于是他又工作了几小时，把成果发给罗宾。这些都做完之后，丹又给托马斯发了一封邮件如实反映了周六的情况。

周一，丹有些忐忑不安地走进办公室。出乎他的意料，罗宾这次没有对他喊叫，反而比平时都安静。

究竟发生了什么？原来，罗宾在凌晨 2 点丹身体有些不舒服的情况下还不让他回房间休息的事被自己项目团队里的同事传开了，并且惹恼了公司的很多其他同事。除了托马斯，丹自己并没有跟任何人说这件事，但是每个和罗宾工作过的人都开始讲自己和罗宾的不愉快经历。罗宾当时已经在公司不怎么受欢迎，丹的经历无疑使大家的愤慨进一步升级了。

托马斯和人力资源部后来和罗宾进行了面谈，警告他注意自己对下属的态度和管理方式。从那以后，罗宾对待下属的态度改进了不少。

丹在这件事上处理得很得当，使他作为一个下级能够让坏老板意识到自己管理方式的不当，而不至于给自己的职业发展和在公司的名声造成负面影响。丹的策略有三个关键元素。

首先，丹在进入公司的开头几个月在同事和老板中建立了良好的名声和强大的支持。他一直都努力做好每一项工作，使他成为公司里一名很有价值的员工。他和公司里的一些重要人物，比如托马斯，建立起了信任关系。当丹在罗宾的不合理要求下健康受到威胁之后，托马斯站出来保护了他。如果他之前没有得到托马斯以及其他同事的信任，丹也许会在罗宾的强势面前无所适从，因为罗宾毕竟是他的直接上司。

第二，丹并没有畏惧权威，而是在适当的时候捍卫自己的权益。他并没有因为过分担心罗宾会不喜欢他而唯命是从。他把自己真实的情况告诉了托马斯以及自己团队的其他成员。在老板接二连三地提出不合理要求的情况下，最不明智的选择是默默地忍受和顺从，因为这样可能会使老板更肆无忌惮，对自己的健康和事业都没有任何好处。但是丹也没有只是大声嚷嚷诉苦。他在合适的时间向合适的人冷静地反映了情况。如果他第一周就开始向托马斯诉苦，他也许会被托马斯看成是好发牢骚的人，从而对他的名声有负面影响。如果他生病后没有和托马斯谈，而只是告诉自己团队里的同事，这些同事也许没有能力支持和保护他，因为他们也只是罗宾的下属。

第三，丹对事件的情况有准确地判断。他之前听说了罗宾的管理方式不太妥当，在大家的心目中威望颇低。罗宾自己也知道一些人曾经向其他合伙人抱怨过他，所以会在一定程度上避免自己的名声再次受损。丹在身体不舒服时买机票提前飞回伦敦、在电话突然断了之后关闭手机的行为在正常情况下也许会对他的职业发展造成威胁，但是在这种情况下，丹知道自己的行动会被大家所同情，而这样做既避免了和罗宾发生正面冲突，又保护了自己的健康。

幸运的是，丹所在的公司有着十分平等和开放的文化。不管丹的职位有多低，只要大家觉得他是对的，就会支持他。要得到这样的支持，最重要的，是要首先在公司建立一个良好的名声，获得大多数人的信任。这是任何人想要和坏老板作斗争的利器。

行动津梁

遇到坏老板和坏客户怎么办？开除！

如果你在商业领域工作，你应该听到过很多类似于“顾客至上”之类的话。优秀的客户服务对任何一个企业都是至关重要的，然而很多企业都做不到。能够提供优质可靠服务的企业通常会在市场上有很大的优势。而服务质量差则会摧毁一个企业，即使他们的产品再好也不是长久之计。但这并不意味着你对每一个客户都应该言听计从。你应该对好客户尽心服务，但对坏客户，则要尽快开除他们。

蒂姆·菲利斯（Tim Ferriss）是全球畅销书《4小时工作周》（Four hour work week）的作者。他在自己的博客里提到曾经有过两个坏客户。他们经常提出各种各样不合理的要求，而且总是抱怨，即使是他们自己的错也仍然责怪蒂姆的公司。这两个客户给他带来了很大的压力，甚至影响了他的个人生活。于是他决定和这两个客户说清楚：把你们自己的问题先解决了，不然我就不卖给你们了。其中有一个客户真的完全转变了，成了一个很好的客户。另一个则一如既往，于是蒂姆就不再和他有商务往来。开除这个拒不悔改的客户，后来证明是他做过的最明智的决定之一。他的生意一直在增长，而大多数烦恼和压力都消失了。

另一位创业家内森（Nathan Lustig）也是开除不良客户的倡导者。在他的博客里，他描述了自己在一家酒吧里的一次经历。那天这个酒吧顾客非常多，每个服务员都跑前跑后地忙着，尽量快地侍候到每一位客人的需要。但有一个和内森邻桌的顾客显得极为不耐烦，不断地催促服务员快一点。当他点的啤酒5分钟后被一位服务员端到他面前时，他很不友好地抱怨说这啤酒应该3分钟就到。你猜之后发生了什么？那位被他欺负的服务员把酒吧老板叫来，而这位老板则礼貌地请这位顾客离开。

有人会说：你如果已经有了一个生意不错、名声在外、有很多忠实顾客的公司，当然可以开除掉少数制造麻烦的顾客。但是对一个每个客户都决定生死的小公司，那是不是就是另一回事了呢？

对一个小公司来说，对客户的挑剔就更重要了。在一个初创公司，你作为创始人之一，通常会事必躬亲，忙得不可开交，时间和精力是很有限的。你负担不起花掉太多时间和精力去应付那些带来很多麻烦却没有多少利润的客户。你希望自己的客户能够真正从你的产品或服务中获益，同时通情达理，给你提供有建设性的意见，帮你改进和成长。

当我刚刚开始自己的第一个培训公司的时候，只有不到10个客户，收入也不多。但是我对选择客户很挑剔。我只接受那些有动力、愿意合作、乐意学习的客户。如果一个客户只是希望我填鸭式地给他们灌输知识，而自己不愿意思考和练习，经常迟到或者在最后一刻取消已经安排好的培训时间，我就会礼貌地开除他。这样的顾客只会带来麻烦和压力，而不会带来利润。

如果你是一个雇员，最大的头痛可能是你的直接上司。在很大程度上，上司就是你的客户：你需要满足他们的要求，而他们则会告诉你哪些地方需要改进，而且一定程度上决定你会不会得到升职和加薪。如果你不喜欢你的上司，能开除他吗？当然可以！虽然把你的上司踢出他的职位大概有些挑战性（当然这也不是不可能），但是你可以通过离开他去寻找一个新的上司而间接地开除他。

我的一个朋友露西（化名）是一个聪明和气的女孩。她当时是剑桥大学的一名很优秀的学生。大学第二年结束后的暑假，她在一家大公司做了暑期实习。她很喜欢这份工作。但是她很快就发现，自己的业务经理对她不怎么客气。他没有给她任何指导和帮助，只是扔给她一个任务和截止时间，让她自己去想办法完成。但是聪明的露西并不觉得这是个问题，每次都认真地自己学习或者问同事，然后出色地完成任务。她觉得能让自己对自己的工作完全负责是对她的一种锻炼。

但是每次当露西把完成的工作交给经理时，他不是在别人面前批评她做得不够好，就是直接用了她的成果而没有任何感谢或者认可。在小组会上，他几次当着大家的面说露西能力不足或懒惰。在实习快结束的时候，同事们都对露西说她工作上表现得很优秀，应该被录取为全职员工，但是她的业务经理没有向上司推荐她。

但露西一点也没有沮丧。她反而十分庆幸业务经理没有让她留下。她说，那个业务经理让她知道了选对老板的重要性，从此她一定会多留心，不让自己再一次栽在坏老板的手里。露西后来找到了一份更好的工作，不但薪水更高，而且工作更有趣，老板们也很好。

精心挑选与你利益相关的人

客户和上司不是唯一应该认真选择的人。你周围还有其他和你利益相关的人，比如你公司的股东、给你出谋划策的人，以及经常和你一起共度时光的朋友和家人。这些人你都应该悉心选择。

股东对你的公司有一部分拥有权。他们通常是投资者，比如风险投资人或者私募资本公司。如果你是一个公司的创始人或总裁，选错了股东可能会对公司造成灾难性的影响。

我有一次在剑桥听了一个创业者的讲座，他充满激情地倡导所有的创业者在选择风投公司时一定慎之又慎。他的第一个初创公司就吃了惨痛的教训。由于这个公司需要大量的前期研发才能出产品，他必须要筹集很多资金投入到公司的研发工作中。在得到两个天使投资人的一些资金后，他在第二轮筹钱的过程中被一个风投公司看好，于是得到了一大笔投资，并给了风投公司25%的股权作为回报。不幸的是，这笔钱后来还是不够，所以这家风投公司又注入另一笔钱，拿走了另外5%的股权。

与此同时，他又引入了另一家风投公司，给了他们15%的股权。不知不觉中，这位创始人自己只剩下35%的股权了。他欣然接受了现实，因为他的公司确实需要很多资金来研发产品，没有这些投资，公司就不可能进入市场。

3年之后，公司的基础研发终于成功地告一段落，下一步就是设计产品了。但是这本该让所有人高兴的事却引来了股东之间的争执。风投公司希望公司能设计出可以很快投入市场并有高销量的产品，这样他们就可以在两三年之后卖掉他们的股权，获得丰厚的报酬。但是这和创业者以及天使投资人的想法正好相反——他们希望公司能尽最大努力保护知识产权，在未来的几年里一步一步设计出不同的产品来满足不同的需求，同时保证公司能够长期稳步地发展。

两个月之后，他们同意采取一个折衷的办法。可就在这位创始人觉得自己终于可以专注于早日让新产品上市的时候，两个风投公司不断向他提出新的主意，告诉他公司的方向应该如何如何，产品应该是什么样的，使他无法安下心来设计一个可以成功进入市场的产品。从那时候起，情况变得越来越混乱，后来创始人不得不引入更多的投资，而各个投资人的意见分歧也越来越大。最后，他终于不堪忍受，决定卖掉自己的股权，忍痛离开这个他一手建起来的公司。

对这位创业者来说，这是一个令人遗憾的悲剧；对每个人来说，这是很重要的一课：选择股东这件事一定要毫不含糊——要选择那些你充分信任、和你有共同的眼光和利益的人。如果找到这样的人很难，那至少不要让他们的权力胜过你的。你要时刻保证自己有最后的决策和控制权。

这位创业者当时面对的主要问题是风投公司和他有不同的利益和眼光。对创业者来说，公司就像他的孩子一样，所以他希望保护公司长期的利益和持续的成长。但是风投公司只想在5年之后以尽可能高的价格卖掉股权，得到最多的回报。他们有一个特定的投资周期，自然没有耐心等得太久，更不会在乎公司长期的发展前景。

像这样公司创始人和投资人之间的矛盾在商场上屡见不鲜。一个有名的例子就是苹果公司的乔布斯，曾经被自己的股东从自己一手创建的公司开除了。这很快被证明是一个愚蠢的错误，导致苹果在之后的几年里危机频频。幸运的是，这些股东后来终于意识到自己的错误，把乔布斯找了回来。后来的苹果则在乔布斯的带领下一路走向成功的巅峰。

你选择的是人，不是机构

当我们说到事业的时候，常常首先会提到我们工作所在的机构。但是和你一起工作的人往往对你的事业比机构本身有更大的影响。你每天都和同事打交道，和他们合作，向他们学习，为整个团队贡献力量。机构里的人们组成了这里的文化，并决定了整个机构的成败。

在这些人中，有一个人对你的事业尤其重要：你的直接上司。你向他们报告你的工作，有问题要去找他们解决，而他们也应该指导你、支持你，并对你的工作作出评判，提出建议。一位有能力的、公平的、支持下属的上司会教给你有用的知识和技能，并帮助你成长。最好的上司通常自己也在工作上很优秀很上进，并会带着下属一起成长和进步。

一个坏上司却会阻碍你在事业上的进步，让你在工作的时候倍感压力，甚至会对你的身心健康造成危害。所以选择一个好上司至关重要。

如何识别好上司呢？首先，不要认为工作业绩很优秀的人就一定是好上司。我的朋友简的第一个导师无疑是一位非常成功非常优秀的科学家。他可能曾经也是一个好教授好导师。但是在简成为他的博士生之后，他并没有尽到一个导师的责任，因为他没有花足够的时间和精力指导和培养她。简的成长和发展对这位导师来说不是优先考虑的事情。

第二，好上司给你足够的成长空间。你当然不希望自己的直接上司如此放手，以至于你不知道如何做自己的工作，就像简的第一位导师那样。但另一方面，你也不希望他事无巨细地监督你、束缚你。我的另一位朋友曾经有一位导师，每天都会在实验室里观察他的学生做实验，并且在一旁不停地指指点点。有一天，她站在实验台前制作跑DNA电泳的凝胶，导师突然神不知鬼不觉地在她身后张口了："你怎么把胶做得这么厚？""你不能这样倒胶的，这是错的。""这胶15分钟就凝好了，你在实验室等着就行，不用回办公室。"

每次导师出现在她身后，观察她的每一个动作并没完没了地批评的时候，她都觉得很紧张，于是就更容易出错。后来，这位导师觉得我这个朋友的实验技术太差了，让她离开他的实验室。我的朋友不但没有难过，反而觉得如释重负，因为她实在受不了这位导师了。

这种任何琐碎小事都要控制的上司会泯灭你的创造力、学习能力和动力，最后会摧毁你的事业。所以你要尽量避免这样的上司。

第三，一个好的上司会帮你进步。他们会通过直接把他们的知识技能教给你，或者给你树立一个典范来帮助你成长。一个好的上司会不时地给你新的挑战。如果你想有一个成功的事业，就需要一个有很高标准、鼓励你超越自身局限的上司。只有这样，你才可以很快地进步。一个好上司通常也会给自己定很高的标准，不断挑战自己的能力，为你树立一个好榜样。

第四，一个好上司会给团队注入积极向上的态度和能量，让下属对自己所做的工作有热情和动力。这是一个优秀领导者的必备素质，也是他能够把优秀人才吸引到自己身边的重要因素。

找到一个好上司并不是一件容易的事。有时候你只有和一个上司工作过之后才知道他到底如何。但这也不是什么坏事。在这种情况下，你要试着很快地了解这个上司的个性、态度、工作方式等，如果你觉得这个上司会对你的事业发展有负面影响，就赶紧想办法“开除”他吧。千万不要犹豫——你宝贵的时间和精力绝不能浪费在一个坏老板身上！

第 8 章 做有专长的多面手

谁的生命力更顽强

大熊猫已经成为野生动物保护的象征。人们将很多的精力和资源都花在了保护这些憨态可掬的动物上。人们喜欢它们圆圆的脸、墨镜似的黑眼圈，还有它们笨拙的、慢悠悠的动作姿态。但是大熊猫在野外是濒危动物。人类的活动改变了他们的栖息地，使这些地方不再适合大熊猫生存。但是人类并不是唯一应该被谴责的。大熊猫自己对自身物种的命运也有着不可推卸的责任。它们主要的问题,是太“专才”了。

大熊猫的菜单里只有一样东西——竹子。在那么多种能吃的植物里，它们偏偏选择了竹子——一种几乎没有什么营养却很难消化的植物。因为大熊猫从一根竹子上得不到多少营养，而它们的体型偏又不小，所以大熊猫就得每天吃 14

公斤竹子才能满足他们的营养需求。竹子很难咀嚼，所以吃起来就很慢。没办法，大熊猫们每天就把大部分醒着的时间都花在嚼竹子上了。更糟的是，竹子有一种很奇怪的现象，就是每过几十年，一片区域里所有同种的竹子会在同一时间全部开花，然后全部死亡，直到几年后才又重生。所以如果一个区域内的竹子某一年突然全死了，大熊猫就只能饿肚子。当然了，除非它们的栖息地里有至少两种竹子。如果一种死了，还有另一种供它们食用。

这些苛刻的要求使得大熊猫只能生活在一个特定的地区——中国中西部四川盆地有茂密竹林的山区。它们很适应这里高海拔的气候和多岩石的地理环境，并且拥有很强的吃竹子的能力。它们通过把竹子划过牙齿之间来去掉竹皮，还能巧妙地用舌头把竹子卷成香肠形状，这样吃起来更方便。但这基本上就是它们的全部技能了。它们不能在任何其他地方独立生存。当人类文明给他们的栖息地带来变化时，这个种群几乎被彻底摧毁了。现在,即使人类尽了最大努力保护，野生大熊猫也只有一两千只了。

另一种我们熟知的动物狐狸和大熊猫的命运却截然不同。狐狸在哺乳动物里可算是真正的多面手。首先，它们什么都吃，水果、蕨类、昆虫、蚯蚓、鱼、螃蟹、小型飞鸟、老鼠、兔子，多得说都说不过来。不管是什么，只要能找得到的、没有毒的、有营养的东西，它们都吃，绝不挑三拣四。

广泛的饮食意味着狐狸们可以在很多不同的环境居住：

从海边，到沙漠，从树林到山顶，甚至在北极地区这种连人类都没法居住的地方，你也能看到狐狸的身影。此外，它们还有各种各样的猎食本领，并且善于“发明创造”。它们知道怎么样悄悄跟着正在捕猎的熊，来捕捉试图从熊爪中逃脱的鼠类。它们知道如何找到在一米厚的雪下藏匿的小动物，并用它们尖尖的头潜入雪里抓到它们。他们知道在每年的某一段时间，天上就会掉美食——幼鸟会从山崖上试飞，有些不成功的就会掉下来，成为等在山崖下的狐狸们的盘中餐。

人类也给它们的天然生存环境带来了巨大变化，很多它们曾经的栖息地变成了城市、工业区或者农田。它们平时常吃的很多动植物也就跟着不见了。有些狐狸甚至被人类大肆猎杀来换取它们的皮毛。但是这些灾难都没有把狐狸推到灭绝的边缘。相反，它们活得依然很好。原因是它们很快就改变了饮食和行为来适应新的环境。

即使在人口密度很大的城市里,你也能看到狐狸的身影。它们会睡在人家的后院里、公园里、垃圾填埋场，甚至是街角。一些狐狸偏偏喜欢待在有人居住的地方，因为这里从来不缺吃，地上、垃圾桶里，甚至有喜欢狐狸的人会专门在地上放一碗食物给它们。它们发现煮熟的食物更可口也更容易消化，所以它们尤其喜欢城市，并且总是找炸鸡蛋或者香肠之类的东西吃，而不会轻易去碰那些他们在野外常吃的虫子老鼠之类的。

即便是在捕猎狐狸合法的国家，狐狸也是遍地都是，一点也没有减少的迹象。这些家伙根本用不着人类来保护。它们可以很容易地在任何一个地方安家，充分利用一切它们可以找到的资源，然后快乐地繁衍生息。

做一个“专家”可能是危险的。就像大熊猫，只要环境出现一点变化，就可能对它们造成毁灭性的影响。它们依靠了上百万年的生活技能和所需的生存条件是如此的专一，以至于它们不能忍受生活环境的任何改变，更不能去一个新的环境中生存，除非被人类悉心照料着。

在人类社会中，有很多像大熊猫一样的人，他们只依靠一种技能或知识来生存。但这个世界改变得如此之快，很多知识和技能会在我们的有生之年以内完全被淘汰。应对这种威胁的最佳方法，就是像狐狸一样：灵活多变、适应性强、善于抓住机会，可以在不同的条件下运用不同的能力使自己成为赢家。

全能“太空人”

宇航员是地球上最有能力的人群之一。他们的工作也是最有挑战性的。对所有宇航员来说，他们事业的巅峰无疑是踏上国际空间站——一个价值一千五百亿美元的可居住人造“地球卫星”。早期的时候，去国际空间站的宇航员们会搭乘美国宇航飞机。这个太空穿梭机可以承载 7 名宇航员，使得有不同技能和专长的宇航员们可以一起去国际空间站。

但是从 2011 年起，情况就不同了。那一年美国航天飞机正式退役，于是之后运送宇航员去国际空间站的任务就交给了俄罗斯的联盟号飞船。但是这架航天飞机比美国的小得多，只装得下 3 名宇航员。突然间，宇航员们被选中去国际空间站的几率变小了，但这并不能让所有的宇航员都感到失望。那些只具有某一两方面技能的专才宇航员们，去国际空间站的可能性会大大降低；而那些有诸多知识和技能的全才宇航员们，则更有机会被选中。

在很多人看来，做宇航员是一种既对能力要求极高，又有很强专业性的工作。对能力的高要求是一点不假的。只有很少的人可以在能力和素质方面达到做宇航员的标准。通常培养一名宇航员需要好多年的时间，而很少有人事业的一开始就参与宇航训练。他们通常先在其他各个领域有过丰富的工作经验，很多都做过飞行员或在军队服过役。每个宇航员申请者都需要有一个科学或工程方面的学位，一些还有硕士和博士学位。通过初选的申请者要经过严格的测试和筛选，确保入选的所有人都在身心各个方面绝对健康，并且适合做宇航员的工作。通常在成千上万的申请者中，只有几个被选为“宇航员候选人”，开始历时好几年的培训，包括所有太空航行的知识、操作和维修飞船和空间站的技术、体能训练、应急训练等等。他们会参加很多课程，以及各种各样的训练和模拟演练。即使经过了所有这些培训，大多数宇航员还要先花很多年在地面支持其他使命和任务，才有可能有机会飞向太空。一些宇航员一辈子也没能得到离开地球的机会。

但是宇航员们绝不是专才。他们是人类中的一个“稀有品种”：能力极强、有专长的多面手。即使那些被称作“专家”的宇航员也拥有很广泛的知识和技能。为什么？因为他们的工作需要他们是多面手。国际空间站只能装得下6位长期驻扎的宇航员。这些宇航员们通常在这里停留6个月。每3个月，联盟号就会将3位新的宇航员送到空间站，同时把3位完成使命的宇航员接回地球。

这就意味着，国际空间站里的每一项任务，都要由这6位宇航员完成。别忘了，他们6个人可是完完全全“与世隔绝”的。没有理发师，没有医生，没有护士，没有管道工，没有技术员。每个宇航员都要扮演十个以上的角色来确保国际空间站的正常运行以及每位宇航员的健康和安全。比如说，一位宇航员可能会同时担任信息技术员、医生、理发师、实验员、营养师，以及派对组织者。国际空间站可不像城市里的公寓，它可能是全宇宙最复杂的机器，任何一点小故障就可能危机宇航员的生命，而且通常不容易修好。对此，宇航员们除了有来自地球的远程指挥，就只能靠自己了，所以他们必须在问题发生时保持冷静，知道如何解决问题，并紧密合作，快速行动。每个人的每个动作都有可能决定空间站内所有人的命运。如果宇航员们解决不了问题，只能坐飞船回地球，而这趟紧急逃亡的花费就可能是几亿美元——当然没有人希望这样的情况发生。

那么国际空间站上的每个宇航员拥有不同的技能，全部加在一起涵盖空间站内所有的需要，是不是就够了呢？不是。想象一下这样的情况：空间站里 6 位宇航员中只有一个是医生。如果其他 5 个人中有人病了，当然这位医生就可以救他。但是如果医生自己病了怎么办？再没有第二个医生来帮助他了！所以，很多关键的技能在空间站上是要至少两个人具备的，这样如果其中一个由于某种原因无法工作，至少还有一个人可以完成任务。

这就是为什么宇航员需要经过很多年的培训才能够上太空的重要原因之一。这些严格的训练不仅保证了宇航员们进入太空后可以出色地完成任务，而且使每一个宇航员成为体能强健的、发展全面的、能力出众的人才。即使这些宇航员退役了，也会不费吹灰之力地在另一个行业找到一份让他们满意的工作，因为他们有能力做任何事情。

那宇航员们是特例吗？是不是在其他行业里，做一个在某个领域突出的专才就足够了呢？一位在某一热门领域很优秀的专才是可以有一个很好的事业，但是如果你想在你的领域成为顶尖人物，或者成为一个领导者，那你就需要扩展你的能力范围，成为一个有专长的多面手。

即使是在学术研究这个专业性很强的领域里，做一个多面手也是有帮助的。大多数教授们都专注于某个大领域里的一个特定分支，他们的研究课题有些专到全世界没有几个人知道的。但是最成功的教授们往往在不同的领域里有很广泛的兴趣和知识，即使有些和他们自己研究的领域没什么直接关系。正是因为他们对其他领域有很强的好奇心并不断涉猎广泛的知识，使他们能够在事物之间建立更多的联系，从而更有创造力，更容易找到灵感，发现一些别人想不到的课题。

行动津梁

艺不压身

什么是有专长的多面手？这是一个既在某一领域有拔尖的专业知识和技能，又在其他领域有广泛的认知和能力的人。

宇航员无疑是有专长的多面手。他们很多从工程师、科学家、飞行员等职业起家，而这些专业技能对宇航员是十分关键的。科学方面的知识很重要，因为在太空的主要使命通常是进行各种科学实验。工程技术也很重要，因为国际空间站是一个极为复杂的大机器，需要工程学知识功底很强的人来操作和维护。

但是这些科学和工程方面的技能并不足以完成空间站上所有的任务。所以每个宇航员还需要培养其他的知识技能。比如说，一位叫罗伯特（Robert Thirsk）的加拿大宇航员是一名工程师，同是也是医生。他有工程学的学士和硕士学位，并且有一个医学博士学位。后来他还读了工商管理硕士。在国际空间站里，罗伯特是“常驻医生”，照顾每一位宇航员的健康，同时完成一些重要的医学实验。

历史上很多很有成就的人都是有专长的多面手。达芬奇可谓是有专长的多面手中的典范。虽然出身贫寒农家，没有接受过正规教育，但脑袋里总是充满了好奇。他十几岁就跟着一个艺术家当学徒，后来因为作品出众而被一些贵族收在门下。在这期间，他从没有停止学习各种科学和艺术领域的知识，并扮演了很多不同的角色，包括画家、雕塑家、建筑师、发明家、科学家、军事工程师、手工艺人。在他眼里，一个人的能力是没有局限的。在他的整个人生中，他一直都在追求新的知识、发现新的事物、创造新的艺术。虽然达芬奇是画家出身，他觉得科学和艺术之间是没有界限的。在他眼里，这两个领域互相交织。他认为，学习科学可以帮助他创造出更好的艺术，而做一名艺术家则可以帮助他更好地理解科学。他在艺术和科学界的成就都具有世界性影响。今天，达芬奇的画作《蒙娜丽莎》被认为是世界上最有价值的油画，而他手绘的人类骨骼和肌肉结构，则成为人类生物力学的开端。

达芬奇并不是他的时代唯一的跨学科巨人。意大利文艺复兴时期，很多才华横溢的学者们都有横跨许多不同领域的才能。他们被人们广泛尊敬，很多被贵族阶级雇佣进行艺术创作和科学研究。他们可以解决很复杂的问题，并运用他们广泛的知识寻找灵感，创作出伟大的艺术作品。这样的全才在那个时代很常见，以至于历史学家们后来给了他们一个共同的名字：文艺复兴人。这些人的主要工作就是发现和创造。他们用自己的才智为当时西方的艺术、文学、建筑、科学等领域做出了卓越的贡献，标志了人类史上一个新时代——近代早期的到来。

创造需要很广泛的知识和强大的智商，还有对世界的深刻认知。在达芬奇的时代，发现和创造新的事物几乎只局限在那些“文艺复兴人”或者贵族圈子里，而绝大多数其他人只是忙着解决最基本的生存需要。但是在今天的世界里，事业不仅是生存的必需，而更是一种让我们充分利用在这个世界上的短暂时间去体验、创造、贡献和享受的方式。追求这样一个丰富有意义的事业要求我们成为一个“文艺复兴人”，拥有没有界限的好奇心和求知欲，以及多元化的知识和能力。

从专才到全才

你不必在事业一开始的时候就成为多面手。在事业刚刚起步的时候，做一个专才也是有好处的。你的专业知识和技能可以帮助你在事业上建立一个扎实的基础，为自己确立一个行家里手的名声，这样你就能成为雇主和同行争抢的对象。

但要在事业上进一步发展，仅仅靠专业知识和技能是不够的。如果你想成为一个机构的领导者，一个行业的领军人物，或者一个创新家、创业者，那你不仅需要一流的专业知识和技术，还要有把握大局的能力。作为公司的管理者，你不但要了解自己的领域，还要知道整个系统、公司、市场是如何运作的。作为一个企业的创始人或者一个新概念的倡导者，你需要知道不同的事物是如何相互作用并整合在一起的，才能创造出新的理念。作为一个创新者，你要有很广泛的知识，才能在已有事物的基础上创造新的可能。这些都需要你大幅度扩展自己的知识面和能力。

你在事业的阶梯上爬得越高，需要的知识面和能力就会越广。一个国家的总统或首相需要对社会和国家的方方面面，包括商务、金融、社会保障、文化等等有透彻的了解，才能够为国家制定出正确的策略。他还需要对世界其他国家有一定的了解，知道和其他国家的关系会对自己的国家和人民造成什么影响。国家领导人是终极多面手，他们拥有很全面的能力，而这些能力都是围绕着他们的核心能力——政治和管理展开的。

做一个多面手不仅会帮助你在自己的行业内攀登事业的阶梯，而且能使你拥有多个不同的职业。你的知识和能力越广，你能够进入的领域就越多，而这就意味着你随时都可以选择一个新的职业，而不是被目前的职业所束缚。

一名退役的宇航员有十分广泛的能力，所以他们要想开始一个新的职业是很容易的。比如说，他有很强的工程学背景，可以做一名工程师，或者在大学里的工程系教课。他也是一个科学家，可以在科研院所从事研究工作。他有运动员般的身体素质，经过了严格的体能训练，所以也是再称职不过的健身教练了。很多宇航员，比如前面提到的罗伯特，还是专业的医生。他当然可以在地球上继续做医生，或者在医学院教学生。多数宇航员还做过很多媒体采访和公众交流，所以他完全可以胜任记者、电视主持人和公众教育工作者的职务。他还很有可能是一名优秀的飞行员，所以也能去航空公司找一份工作。最重要的是，经过这么多年的学习和培训，他们有着在很短的时间内快速学习新技能的能力，所以其实没有什么他们不能干的。不妨开自己的公司，或者从政，选择多着呢，没有做不到的，只有想不到的。

但那些从事本来就非常专的职业的人怎么办？很多职业运动员就在退役后面临着给自己改头换面，开始一项新事业的挑战和压力。这些运动员从很小的时候就把大部分时间用在了训练上，基本没有学习和培养其他知识和能力，但他们在二十多或者三十多岁的时候，就得从运动场中走出来，开始新的生活了。一些很成功的运动员那时也许已经赚了足够的钱，可以永远不用工作也能过上舒服的日子，但是很多人还是想做一些事情。所以他们面临着一个很棘手的问题："我能做什么？"

如果你是一个职业运动员，你应该换个角度问这个问题：问自己"我想做什么？"而不是"我能做什么？"，因为你什么都能做。你在运动场上所经历的严格的训练和残酷的竞争已经把你造就成了一个坚强能干的人。你完全有能力和时间去学习新的东西、尝试新的体验，把自己改造成一个全新的人。此外，你还可以在别的领域利用自己已经建立起来的一些名气开拓新的道路。很多运动员退役后成功地将自己从专才变为全才，为自己建立起辉煌的事业和精彩的人生。

迈克尔·乔丹，这位全世界最有名的篮球运动员之一，在从职业篮球退役之后就为自己建起一个极为成功的商业王国。在他的篮球事业期间及之后，乔丹同时还参与了其他的运动项目，比如棒球和摩托车公路赛。他拥有好几个销售运动服饰的公司，还买下并管理着一个职业篮球队。他和很多知名运动品牌有赞助合同，每年为他带来好几百万美元的收入。此外，他还有五家餐馆，一个车行。他退役后每年从这些公司和商业合同里得到的收入有几千万美元，比他在篮球事业巅峰时的年薪还要高。同时，运用他吸引媒体的能力，他在退役好几年后仍然保持着媒体对他的关注和普通民众对他的崇拜。乔丹成功地将自己从专才转变为一位真正的全才，在运动生涯之后又为自己演绎了一个精彩的人生。

未来属于有专长的多面手

做一个有专长的多面手在今天比以往任何时候都重要。它不仅仅是一个让你事业进步的有力工具，而且是在不远的将来让你保持竞争力的唯一途径。今天的工作正在变得越来越复杂。世界正在变成一张越来越密的网。创新变得愈加重要了，而且愈加需要一种跨学科的方式。

从古至今，伟大的领导者和开拓者们都是有专长的多面手。但是在今天的世界里，这个特质已经不只是领导者和开拓者的专利了。工业革命之后，专业化成了主流，因为大多数工作都是和大规模生产产品有关。但是现在，这些生产的工作大多都已被机器和电脑代替了，尤其是那些重复性的工作。人类的主要角色又一次转回到了发现和创造。

现今，很多职业的本质也发生了很大的变化。几十年前，做市场营销基本上就是在最受欢迎的电视频道或者流通量最大的报纸上放一个广告，配上朗朗上口的广告词，频率越高越好。但是今天的市场营销不仅需要借助多元化的媒体形式，而且还需要有很强的针对性，和顾客建立起个性化的沟通。这要求市场营销部门的执行者们不仅要知道什么节目在电视上最受消费者欢迎，还要理解消费者的行为习惯和消费心理，知道各种社交媒体是如何被消费者使用的，并能够分析庞大的消费者数据从而得到有价值的消费者信息，等等。市场营销已经从简单的大众广告进化成一张复杂的网，包括了很多不同层次的媒体和公众效应，以及和消费者的双向交流。只在广告领域拥有专业知识对一个优秀的市场营销执行者来说已经是远远不够的了。要做好这项工作，就必须要拥有广泛的知识和跨领域的能力。

客户们的要求也在不断提高。今天社会和经济生活中的每一个方面都变得越来越复杂，使得人们越来越希望得到全盘的、一体的、完整的解决方案，而不仅仅是大局中的一两个原件。比如说，当一对夫妇买了新房子的时候，传统的方式是找油漆匠刷墙，地毯工铺地毯，然后自己去家具店一件件选购家具。但现在，虽然每个人还是希望自己的新家舒适、实用、美观，但很多人不愿意花费太多的时间和精力去一步步做这些事情，所以他们会找一个人或公司提供全套服务，最后呈献给他们一个符合心意的、完全装修好的、家具齐全的新家。所以如果你是一个室内设计师，或者是地毯公司、家具公司的老板，要想使你在市场中有竞争力，你就需要知道如何吸引那部分需要一条龙服务的顾客。即使是瑞典家具巨头宜家这样以便宜和自助为卖点的公司，也早已经开始销售“整套厨房”了——当顾客选好一种厨房设计后，宜家的员工就会在几天之内为顾客上门安装好整套厨房。不光是个人，企业客户也越来越倾向于选择全套服务了。以前有很多供应商只为其他企业提供IT系统中的某一种硬件或软件。但是今天很多企业都要求供应商提供全套硬软件，以及全面的售后服务，这样他们就不用自己为越来越复杂的IT系统头痛了。连飞机引擎的制造商们也感觉到了这种压力—航空公司不想为和引擎有关的任何事情操心，所有要求引擎供应商全权负责所有引擎的维护和检修。全方位的产品和服务正在越来越普遍，而作为商家，这种全方位服务是非常有利可图的，但是要想吸引这些客户，你就必须先拓宽你的能力，从而为客户提供能让他们完全信赖的一条龙服务。

生命不息，学习不止

大多数觉得自己的事业止步不前的人都是某一个领域的专才，但又没有勇气拓展自己的能力。我听说过一位已经在一家大公司写了10年程序的软件工程师。他在公司是一个很重要的人才，开发了一些优秀的软件，而且对修理程序中的疑难漏洞很在行。他已经升职好几次，从一个初级软件开发人员到高级软件工程师，管理着三名帮自己写程序找漏洞的软件员。他的薪水在过去的10年里翻了3倍，但是他现在觉得，自己在目前的事业上已经触顶了。他有时候幻想着自己可以成为技术总监，或者是总设计师——这些人每天都把时间花在天马行空地想新主意上，然后召集一群经验丰富的工程师，告诉他们这些主意，让他们建个模型来测试一下。他觉得这样的工作有趣多了，也觉得自己完全可以胜任。

正想着呢，机会就来了。公司准备举办一个软件设计大赛，每个人可以提交一个新软件的想法，并解释这款软件为什么可以为公司赚取利润。主意被接受的人可以花20%的时间和主设计师一起来设计这套新软件。他决定试一试。

晚上，他坐下来开始想主意。但是想了半天大脑还是一片空白。他不知道什么样的新软件是客户最需要的；他觉得公司似乎已经解决了客户的所有问题。他也不知道竞争对手们都有什么样的产品，客户喜欢什么，怎样设计一款更好的产品，等等。他意识到自己过去10年只是在埋头写软件，却与更大的世界失去了联系。

你或许也认识和这位软件工程师有相似感受的人。好消息是，开始永远都不会太晚。如果你想在事业上不断地进步，或者永远都有不同的选择摆在你面前，那你就不能停止拓宽自己的能力。不要只局限于和自己所做的工作相关的领域。试着学点不同的东西。这些新的技能并不会是浪费，而很可能在不久的将来让你尝到它的好处。

斯科特·亚当斯（Scott Adams）在拿到经济学学士学位后在一家银行开始了自己的职业生涯。后来的几年里，他在公司的阶梯上一步步地向上爬，从管理培训生，到预算分析员，到商务借贷员，到产品经理，再到业务主管。虽然他蛮喜欢这份工作，但他其实对画漫画更感兴趣。他小时候曾希望做一名职业漫画师，但是在被一家艺术学校拒绝之后，就转念读了经济，准备做一个普通白领。

但对漫画的兴趣并没有在他心里完全消退。80年代中期，当他在读MBA的时候，灵感大发，创造了自己的卡通漫画形象“Dilbert”。他对漫画的热情又燃起来了。

于是他在自己的闲暇时间开始画漫画，并试图在报纸上发表。但是他从报社收到的回复只有拒绝。他并没有灰心丧气，而是把自己的漫画给朋友和同事看，向他们征求意见，以帮助他改进。他一直坚持画着，不断学习和提高，而他在办公室看到的人和事成了他漫画中人物和故事的主要灵感来源。

几年后，他的漫画终于在一家报纸上发表了，接着两家，三家。很快，他的漫画的受欢迎度迅速提升，两年之内就有了100家报纸刊登他的作品。他于是辞去了在银行的职位，成了一名成功的、快乐的职业漫画家。1996年，他的漫画已被800家报纸刊登，到今天，已经有2000家报纸刊登了Dilbert。

多才多艺没有坏处，只要这些才能和你的兴趣一致。如果你希望自己的事业能不断进步并充满乐趣，最可靠的处方就是：永远不要停止学习和培养新能力。

第三部分

如狮子般咆哮

找到属于你自己的道路是很重要的一步，但是实现目标的路你不可能独自一个人走完。你需要和这个世界互动。在你努力向着目标的方向奋斗时，你会发现，这个世界并不总是会帮你。你会遇到强大的力量试图把你推到错误的方向上，或者阻止你继续向前。要想进步，你必须知道如何为自己的目标而战，如何应对大众思维和社会压力，如何赢得你需要的人。

第 9 章
有勇有谋者常胜

不怕死的蜜獾

据说吉尼斯世界纪录中有一条是“世界上最无所畏惧的动物”。这个殊荣的获得者，不是一种强壮的、庞大的或者有毒的动物。它是一种小型哺乳动物，只有普通家猫那么大。它的名字，叫蜜獾。

第一眼看上去，蜜獾一点都不像是一种胆大的动物。它有一张可爱的脸，有点像海豹。它们的背部有一条像袍子一样的浅灰色的皮毛，从头顶一直贯穿到尾巴之前，除此之外身体其他部分大多是黑色的。一些人看到它们也许会有抱抱它们的冲动，因为蜜獾看起来就像是一只家养的猫或狗。但是不要被它们的表象所迷惑——蜜獾确实极端凶猛无畏。

绝大多数动物受到诸如鬣狗或狮子之类的凶猛食肉动物

的威胁时都会仓皇逃命。但是蜜獾呢？它们会进攻！而且很多时候，它们会以某种方式战胜对方。因此，很少有捕食者是蜜獾的真正威胁。但这并不是故事的全部。蜜獾还经常攻击很危险的动物作为食物，比如眼镜王蛇、三米长的蟒蛇，还有蜜獾们最喜爱的蜂巢。它们甚至还会赶跑幼年狮子并且掠夺它们的食物。想象一下一群狮子面对一个家猫大小的动物争相跑开的场景吧。是不是有些不可思议？

南非的 Moholoholo 野生动物康复中心有一次救下了几只蜜獾孤儿，把它们养在康复中心里。但是这些小东西很快就开始给这里的人和动物制造麻烦。它们不断地骚扰其他动物以及工作人员，会突然袭击厨房，到处翻找食物，即使里面有人也毫不在乎。绝大多数野生动物都会避免和人类正面接触，尤其是在人类的“领地”中。但是蜜獾却觉得无所谓。连狮子都不怕，人类又有什么可怕的呢？

康复中心其中一个叫斯托费的蜜獾会经常跑到其他动物的地盘上骚扰它们。有一天，斯托费跳进了一只狮子的围栏里，开始挑衅它，似乎对它来说和狮子斗是一个好玩的游戏。狮子还击，但是斯托费不断翻腾扭曲，还用尖利的牙齿咬狮子的脸。狮子被搞蒙了，不想再斗下去，于是带着伤闷闷不乐地走开了。第一次的胜利显然还没有让斯托费过足瘾。第二天，它又来找狮子，似乎是想进行第二轮的挑战。

蜜獾究竟具有什么样的天赋，使它们如此无畏？它们的皮肤很厚，而且松垮垮地搭在身上。另一只动物要想咬透蜜獾的皮可不容易，必须一口下去咬得很结实，否则蜜獾可以在他们松垮的皮肤里疯狂地乱动，试图挣脱或者还击。但是有既厚又松的皮并不是蜜獾的专利，很多其他动物也有这个特征。此外蜜獾还有“臭气弹”，当它们受到威胁时，会发出一种很臭的气味，使对方不堪忍受而跑掉。但是这也不是蜜獾的秘密武器，很多其他动物也会用臭气弹来防身。

这些大概就是蜜獾的所有武器，它们也没什么更复杂更巧妙的计谋了。一只成年蜜獾的身高还不到一只成年狮子的膝盖，而且根本不可能对狮子造成什么真正的威胁，也没法对鬣狗造成任何致命的伤害。蜜獾最多能做的，也不过是在它们脸上咬出一些轻伤。而狮子或者鬣狗却可以不用费多大力气就一口咬碎蜜獾的头骨。但是这些强大的动物还是通常选择躲避蜜獾，而不是攻击它们。

为什么小小的蜜獾竟然有如此强大的威慑力？

蜜獾和其他动物相比最明显的特征，就是他们胆量极大。正是这种勇敢精神使得他们在很多事情上占据上风。当五只鬣狗看到它们面前的两只小蜜獾不但不逃跑反而呲牙咧嘴做好战斗的准备时，鬣狗们不得不起疑，甚至对它们心生畏惧，怀疑这些小家伙有什么秘密武器，不敢轻举妄动。但是蜜獾并只不是在虚张声势，如果猎狗们进攻，它们不会轻易退让，而且经常会顽强地战斗到底，拼个你死我活。对鬣狗来说，这场战斗最后只会以身上的伤痕告终，而没有多少好处，太不值得打了。于是它们经常选择躲开这些家伙，去寻找更容易的猎物。

蜜獾的大胆挑战策略通常对它们有利，但是偶尔也会让他们自讨苦吃。还记得斯托费吗，那个在野生动物康复中心准备和狮子进行第二轮较量的蜜獾？这头狮子第二次可不吃斯托费那一套了。它这次准备认真教训教训这个小东西。斯托费自然不是狮子的对手，以惨败告终，而且伤得很重。幸好有工作人员的及时营救，它才从狮子嘴里逃过一劫，后来在人们的照顾下慢慢恢复了。斯托费这次吃了教训，不再主动和狮子打架了，但它的胆量丝毫未减，仍然和比它大得多的动物们抢食吃。

非洲的野生牛羚和蜜獾的体型与性格都正好相反。一头成年公牛羚是一只 250 公斤重的庞大野兽，头上顶着看起来很强悍的大角，还有很难穿透的厚实的皮毛。它们虽是食草动物，但体型强壮，有足够的力量用角顶起一头成年狮子，重重甩在地上，把狮子摔骨折。它们也是天生的田径健将，能够持续地长时间高速奔跑。但是，这么强大的动物，却是非洲平原上最受食肉动物喜爱的猎物之一。狮子、鬣狗、狼、鳄鱼等等都喜欢捕食牛羚。为什么？这些看起来硕大勇猛的动物，事实上却十分胆小。狼比牛羚体型要小得多吧，而四五只狼可以追逐一个上百头的牛羚群，使其中一头和群体分开，然后把它推倒咬死。假如这一百多头牛羚不是看到狼就到处乱跑，而是站在原地不动，让母牛羚和小牛羚躲在群中央，成年公牛羚面朝外站在外围，这些狼肯定一点办法也没有。不幸的是，牛羚通常不会主动抵御食肉动物的攻击。它们的唯一策略就是闷头狂奔，连方向也不管，一些牛羚会在慌乱的奔跑中和牛羚群失散，成为猎食者的最佳攻击对象。

强壮的牛羚总是在看到捕猎者时逃跑，但常常不可避免地成为它们的盘中餐。而蜜獾这个小个子的勇敢无畏使它们成为在野外生存的最成功的动物之一。它们不会仓皇躲避风险，也不会让外物决定它们的行动。它们每时每刻都准备好了为自己战斗。

狮口夺食

多罗博（Dorobo）人世代在肯尼亚的草原上以打猎和采集为生。他们没有庄稼和家畜，完全靠着采集来的可食植物和捕猎获得的动物填饱肚子。对每个多罗博人来说，最有营养最可口的食物莫过于生活在那里的大型食草动物的肉，比如羚羊、斑马、牛羚等。但对只有自制的箭和矛做工具的他们来说，捕猎一头大型食草动物是很困难的。然而多罗博人有一个很独特的策略，使得他们不用费很大力气就能获得美味的肉食。

肯尼亚的热带草原上，焦灼的烈日烘烤着干枯的草地。一群牛羚正在安静地吃草。然而在这幅宁静的景象背后，危险正潜伏在某个角落。一群狮子，由一头强壮的母狮领头，正在悄悄逼近这群牛羚。她已经找到了自己的攻击对象——一头刚刚成年的牛羚，正站在牛羚群的边缘，低着头享受着美味的鲜草，一点也没有察觉到自己正在被狮群盯着。牛羚群外围的草更新鲜更丰裕，但是这头年轻的牛羚还没有意识到，这里也离危险更近。

母狮渐渐逼近了。其他狮子专注地观察着母狮的一举一动，小心翼翼地伏着身体，不让牛羚群发现它们。终于，母狮已经和目标足够接近，她进攻了。

牛羚群立即乱成一团。绝大多数向右边跑去，少数转向左边。经验丰富的领头母狮并没有被慌乱散开的牛羚分散注意力。她紧盯着那只年轻的牛羚，追了上去。其他狮子也立即紧随其后。几分钟后，母狮子扑倒了那头牛羚，其他的狮子冲了上去，咬断了它的喉咙。一次干净利索的大胜仗。

这对整个狮群来说将是一场欢乐的盛宴。至少它们的计划是如此。但是正在狮子们专心享受美味时，突然，三个人从前方的灌木丛中冒了出来。狮子们吃了一惊。它们不知道这些人是从哪里来的，想要干什么。但是他们径直朝狮群走来，手里拿着箭和矛，腰板挺得笔直，一点也没有被这十多只猛兽吓到。狮群愣了一会儿，那只领头向牛羚发出攻击的母狮子突然转头跑向了旁边的灌木丛，接着另一只公狮子也跟着跑掉了。很快，每一头狮子都跑去那个灌木丛后面。这三个人目不斜视地走向狮群留下的牛羚，掏出一把刀，快速割下一条牛羚腿，扛着肉转身向他们来的方向走去，留下大部分牛羚在原地。几秒钟后，狮子们陆续回到牛羚旁，接着享用它们的午餐，好像什么也没发生过一样。

这令人难以置信的一幕几年前被英国广播公司一个摄制

组拍到了。这种获得食物的方式完全靠的是胆量。他们没有鬼鬼祟祟地从狮群身后偷走他们的猎物，而是在狮子眼皮底下割下一大块它们正在享用的猎物。这纯粹是光天化日之下的抢劫。但是狮子们只是看着这三个没有什么武器的人拿走了他们午餐的一部分，没有做出任何反抗。这些人的胆量和自信把狮子们吓住了。

虽然狮子是大自然食物链中顶层的食肉动物，它们也是很小心谨慎的。狮子并不喜欢随便冒险。当它们看到三个人超级自信地朝它们走来时，一种所有人和动物都有的本能就会被激起。狮子们觉得这些人既然如此自信，一定对他们的行为心中有数，如果狮群贸然进攻，可能会有危险。所以狮群不会轻易对抗这些人，而是跑到一边先观察观察。这些人的自信其实完全是虚张声势，狮子们也许后来明白过来了。但是那已经太晚了，那些人已经割了肉走掉了。狮子们虽然会觉得不爽，但毕竟只丢掉了一小部分食物，也没什么大不了的。最好还是趁肉还新鲜的时候继续享用午餐吧。

谁会给我发邮件？

我在咨询公司工作的时候，曾经几次参加英国几所名牌大学的招聘交流会，来回答学生们的问题。每次去之前，公司的招聘经理就会提醒我们不要把名片给太多学生。她这是完全处于好心，不想让我们的电子邮箱被学生们的邮件淹没。我们的工作很忙，如果有几十个学生给我们发邮件，肯定回不过来。招聘经理会把她的名片给出去，把这个“负担”从我们身上接过去，因为那毕竟是她的工作。

但是我一点也不担心这个。每次去招聘会，我都会带一沓名片，谁要就给谁，甚至还会留几张在桌子上，让大家自己随意拿。有时候我会对问我问题的学生说，如果需要我的帮助请随时发邮件给我。但是我的电子邮箱从来都不会被学生的邮件淹没。我们招聘经理的担忧从没有发生过。即使我把名片给了几十个甚至上百个学生，我通常也只会收到一两封邮件。即使那些被我邀请发邮件给我的学生中，绝大多数也没有联系我。这样的情况不只发生在我身上。我的一些其他参加招聘会的朋友也有相似的经历。

而那一两个发了邮件给我的学生则收益颇多，因为我总是尽全力帮助他们。比如有一个学生问我可不可以给她一些面试建议，于是我同意和她约时间在电话上聊。我在电话里给了她一个模拟面试，提了很多改进建议，一共聊了一个小时，完全免费。后来那个学生被自己心仪的公司录取，很开心地发邮件感谢我。

大多数人都没有勇气向别人求助。他们害怕对方不理睬，害怕被拒绝，甚至害怕自己会冒犯对方。这些恐惧让很多人选择沉默或者退缩。

如果你不提出请求，就不可能得到你想要的。毕竟，多数时候没人会绞尽脑汁猜你的心思，主动提供你想要的事物。很多人错过机会，是因为他们害怕向别人提出请求。但是请求的负面影响是什么呢？很多时候，没有任何负面影响，最多只不过就是被拒绝后的一点小尴尬而已。而要想成功，你就必须得有能力经受得起那一点尴尬和难堪。

行动津梁

唤醒童年的勇气

很多人都对被别人拒绝或在他人面前难堪感到恐惧。这种恐惧很流行，以至于一个美国的问卷调查发现，美国人的头号恐惧是公众演讲，第二个才是死亡。为什么？因为公众演讲是最容易让人觉得难堪、在众人面前“出丑”的情况。暂不谈这个调查是否准确反映了现实，有一点毫无疑问：人们对难堪的恐惧是普遍和深刻的。

在一个由加州大学洛杉矶分校的娜奥米设计的实验中，研究员们用MRI核磁共振成像仪观察人们在被拒绝之后大脑的活动。在这个实验中，被试者在电脑屏幕上和另外两个人玩“扔接球”的游戏。这个被试者被告知他在和另外两个被试者玩，但实际上另外两个“人”只是设计好的电脑程序而已。游戏中，三个人轮流扔给另一个人球，而这个人接住后再扔给下一个。开始的时候，球在三人之间顺时针传递着，每个人都有同样的机会拿到球。但过了一会儿，和受试者一起玩的另外两个“人”开始不断地给对方扔球，而完全忽略了受试者。研究员们发现，受试者在游戏中遭到另外两个人的“拒绝”后，他们大脑的活动改变了。大脑中激发痛感的区域被激活。这个大脑区域通常在我们感觉到真正的疼痛时才会被激活。仅仅一个电脑游戏中的“拒绝”，就足够使一个人感觉到真正的痛。

那如果一个人当面被人拒绝甚至嘲笑，这种痛无疑会更深刻。这就是为什么大多数人都讨厌甚至惧怕被拒绝，于是就尽可能避免提出有可能被拒绝的要求。但这种恐惧对我们来说是一个很大的障碍。从纯理智的角度来看，被人拒绝或嘲笑没什么大不了的：我们并不会因此而损失什么，生活还是会继续。但是从情绪的角度来讲，我们却很在乎。

然而这种恐惧并不是我们天生就有的，而是后天“培养”起来的。幼童就不害怕难堪或者被拒绝。如果一个小男孩想要一个玩具，他就会在玩具店旁若无人地恳求、撒娇、哭闹，甚至威胁他的父母。有时候他会得到自己想要的，有时候得不到。但是他下次还是会继续，一点也不觉得尴尬，被拒绝是他生活的一部分。他要求的次数越多，被拒绝的也越多，但他得到自己想要的东西的机会也就越多。比如说，他要求了10次，5次被决绝，3次得到了他想要的，2次他做出让步，得到的比自己希望的少一点。这是成功还是失败？当然是成功。这样的结果比他一次都不要求好得多。当然，小男孩也感受到了甜头，所以他还是坚持不懈地要求下去，不管被拒绝了多少次都不会退缩。

但是随着年龄的增长，我们的顾虑越来越多。我们需要考虑面子、人情、社会地位、关系等等诸多因素。我们不愿意向老板提出加薪，因为怕留下不好的影响，甚至丢掉工作。我们不愿意向同事请教工作，因为怕被认为笨，丢面子，甚至被嘲笑。我们不愿意向下属提出合理的要求，因为怕他们反抗，在背后说自己坏话。其实很多这些担心是多余的，只是我们自己的想象而已。

我们应该接纳小男孩的态度，有勇气提出看似“不合理”的要求。把拒绝当成生活的一部分，你就不会因为被拒绝而感到痛苦，而是为你请求后得到的感到惊喜。

练习“被拒绝”

嘉江是美国的一个普通年轻人，却突然受到了很多公众关注，原因是他花了100天时间寻找拒绝，并把每次经历的视频放在网上和所有人分享。在开始这项使命几个月前，他辞了工作，准备和他的朋友创立自己的公司。在朋友的生日派对上，他得到一个令他十分沮丧的消息：他认为很有希望的一位投资人决定不给他的初创公司投资。他失望极了，因为这个投资对他来说很重要。

事情发生后，他意识到自己对拒绝的恐惧是他通往成功道路上的最大障碍。于是他习惯性地上网搜索“如何克服对拒绝的恐惧”。在搜索结果中，“拒绝疗法”立刻吸引了他的注意。这个疗法要求参加者在30天内每天主动寻找一次拒绝。这不是一个新概念，很多销售人员都用这种疗法。嘉江觉得很有意思，于是决定挑战自己，做100天拒绝疗法。

第一天，他问一个保安要100美元，保安狐疑地看看他，说了不。这个拒绝让他觉得很不舒服，于是他赶紧跑掉了。第二天，他在一家餐馆吃完一个汉堡后要求服务员免费再给他一个。这次虽然还是被拒绝了，但他和服务员说笑了一会儿，所以没有觉得很难堪。

第三天，他在一家面包圈店，要求店员把他点的五个面包圈做成奥运五环，并且要求在15分钟内完成。这位店员认真地想了想，又在纸上画了半天，竟然真的应他的要求在15分钟内做出了五环面包，并且免费送给了他。

突然间，他对被拒绝的恐惧瞬间退去了。之后的97天里，他发现对他的“无理要求”说“是”的人比他想象的多。他故意提出一些略微过分的要求，目的是要被拒绝，但令他惊讶的是，很多人对他的要求点了头。这些天里，一个素不相识的人答应让嘉江在他家后院踢足球；一名警察同意让他坐在警车的驾驶座上摆酷；一位素不相识的飞行员甚至让他驾驶自己的飞机。这100天里，嘉江收到了51次点头，49次摇头。

多数人都不会去主动向别人要求自己想要的，所以结果自然是得不到自己想要的。提出要求并不是很容易，需要你有勇气，而这种勇气是需要在练习中不断加强的。如果你也害怕被拒绝，不妨先尝试一下30天拒绝疗法，一定有惊喜等待你！

欣然面对舆论与批评

虽然在现代社会中，我们不需要像多罗博人一样和狮子抢食物，或者在凶猛的捕食者面前拼死自卫，他们勇敢无畏的精神和智慧还是非常值得我们学习的。现实中，很多成功的男人和女人正是因为他们的无畏才到达了他们想要的位置。他们不会让别人给自己带路，也不会简单地接受别人“施舍”给他们的。他们主动说出自己想要的，并且做出勇敢的行动来得到它。有时候他们会被别人嘲笑或批评。但是他们经受住了这些考验，继续在成功的路上前进。那些明星和公众人物必须能够抵抗得了来自公众各种各样的舆论和关注，才可能获得成功。大多数普通人都没法承受如此大的压力。而这些成功的公众人物的不同，是他们突破了这个人类最大的心理障碍，学会了从容面对公众的关注和批评。

维珍集团创始人理查德·布兰森，这个世界上最成功最著名的企业家之一，就是一个极为勇敢无畏的人。当你和他聊天时，他可能反而显得有一点点腼腆和轻描淡写。但是他在经营公司和追求梦想上，可是有着蜜獾般的胆量和勇气。

当布兰森在20世纪70年代刚刚开始他的维珍唱片公司的时候，他努力寻找有可能大获成功的艺术家来和他签约。但是一个刚刚创始的唱片工作室，是不会吸引已经功成名就的歌手来签约的。所以他做了一个大胆的决定——和一些当时很有争议的乐队签约。大的唱片公司不愿意签这些乐队，但他发现这样的乐队中有几个是很有潜质的。其中一个乐队叫“性手枪”（Sex Pistols）。他们和时代有些不符的性格使他们在很多大唱片公司眼里是一个叛逆的、不入流的乐队。但是布兰森注意到了他们的音乐才能，和他们签了约。事实证明他的冒险是完全值得的：这个乐队很快就为布兰森的小唱片公司赚得了第一个百万。

1998年，布兰森向可口可乐和百事可乐发起了一场“战役”。他在美国推出了他的可乐产品——维珍可乐。这个新产品的推介可是绝非一般。布兰森开着一辆坦克驶过纽约繁华的第五大道，并且在时代广场“爆掉”了可口可乐的商标。虽然维珍可乐在美国的成功并没有维持多久，这个让人咋舌的品牌推介活动一直被人们津津乐道，而维珍的名字和布兰森本人也从此被美国人记在了心里。这无疑对维珍集团的其他品牌在美国的成功起到了不少作用。

我们的文化鼓励我们任何时候都要保持矜持，融入大众，礼貌委婉，避免提出任何过分要求。但是这样只能让我们走向平庸。要成功，我们就必须勇敢地站出来，让别人听到我们的声音。我们需要克服对难堪的恐惧，对被人耻笑的恐惧，和对被拒绝、被疏远的恐惧。当这种恐惧消失了，就没有什么可以阻碍你了。

第 10 章 古怪点儿是好事

这个车夫不平凡

克里斯（Chris Guillebeau）在他的书《100 美元初创公司》（The $100 Startup）里提到他在柬埔寨认识的一位非同一般的嘟嘟车车夫雷特先生。雷特看起来和柬埔寨的其他嘟嘟车车夫没有任何区别，但是他每天能赚 50 美元，相当于其他柬埔寨嘟嘟车车夫平均收入的 10 倍。他是怎么做到的呢?

如果你观察一个普通的嘟嘟车车夫，他们的一天基本上是这样度过的：上午睡到早高峰已经过去了，起来悠悠闲闲吃早饭，然后出门，把嘟嘟车停在其他嘟嘟车车夫聚集的地方，聊聊天喝喝茶，如果有客人来想坐车就拉上一个。吃过午饭，他们会一起打打牌，晚饭前再拉上一两个客人。当他们载客出去的时候，通常会立即从休闲状态转换到仓促状态，驾着摇摇晃晃的嘟嘟车感觉就像是驾着一级方程式赛车，即使乘客要求他们减慢速度也不答应。当然，他们着急的目的不是想让乘客快点到达目的地，而是想要快点做完这趟生意，好回去赶上这一轮牌局的结果。

但是雷特并不是这样度过他的一天的。他每天早上都出来得很早，因为早高峰会有很多顾客。他细心观察哪里可以拉到外籍居民，因为这些人一般会经常搭嘟嘟车，可能会成为忠实的常客。在拉到一个客人的时候，雷特的第一句话就是："我是一个很小心的车夫。"他知道乘客们通常最担心的是嘟嘟车的安全，因为很多车夫都是狂奔型的，有时甚至和路上的汽车赛跑。雷特说到做到。他会很小心地驾驶，保证乘客既安全又舒适。

他花钱给自己印了名片，如果顾客喜欢他的服务，他会把名片递过去："如果需要我的服务，请随时给我打电话。我会准时出现。"如果他有顾客的预约，不管地点在哪儿，他总是会提前一点到，把车停在顾客一出门就看得见的地方，然后静静地一边等一边学英文。

雷特知道要想服务好外籍顾客，他就得能说点英文。所以他利用所有的机会学英文。每次有外籍乘客，他就会试着和他们说英文，顺便学几个新词。等顾客到目的地之后，他会默默地复习刚才学到的词和句子，直到记住为止。

很多其他车夫都喜欢载来旅游的外国人，因为这样他们可以要价高一点而游客也不知道。但是雷特从来都不比正常价格多收一分钱。他相信建立长期的信任是最重要的。对他的常客，他经常会说："付多少钱随你。"有时候老顾客短程搭车他甚至不收钱。

他还想出了其他办法来增加自己的收入。他说服了一家当地的咖啡店在他的嘟嘟车上挂广告，每月付给他 7 美元。每次他为咖啡店带来一位顾客，还会得到一小部分佣金。他有时候也帮要去机场的常客预定出租汽车，同样，他会从出租车司机那里得到一点佣金。

很多人会觉得一个嘟嘟车车夫没有多少途径可以让他们的收入显著提高的。毕竟，这是一个很简单的体力活，除了能驾驶嘟嘟车之外不需要多少能力。但是雷特却可以赚其他车夫 10 倍的收入，这不仅仅是通过更努力地工作，更多的是通过用不同的方式来做这个看似简单的生意。

很多有成就的人，不管在什么领域，都会在很多方面和其他大多数人的做事方式不同。如果你和其他人一样做事，那你的结果也自然只会和大多数人一样。如果你希望成就更多，你就应该用不同的、更好的方式做事。

成功人士能有让人艳羡的成就，通常源于他们做的一些让很多人觉得很"古怪"的事。法国最伟大的作家之一维克多·雨果，就是这些"古怪人物"之一。1830 年，在和一家出版社约稿写一本小说一年之后，他还是一个字都没写，全部忙于其他应酬了。实在无奈，出版社给他一个严苛的截稿时间——他必须在六个月之内完成全稿。

那听起来似乎是一个不可能完成的任务。但是雨果并没有惊慌。他把自己所有的衣物都锁起来，只剩下身上的睡衣，然后把钥匙交给家人。由于没有可以出去穿的衣服，雨果在之后的几个月里只能乖乖待在自己的书房里专心写作。五个月之后，他完成了整个书稿，交给了出版社。这本《巴黎圣母院》，后来成了雨果最著名的作品，至今仍被全世界读者所喜爱。

让人摸不透的老板

丹尼是维康基金会的 CIO（投资总监），负责基金会 190 亿英镑巨额基金的投资去向。维康基金会是欧洲最大的医疗健康慈善机构，每年向医疗健康领域的研究投入将近 10 亿英镑的慈善基金，而这笔钱几乎都来自于该基金在商业领域的投资所赚得的回报。作为投资总监，丹尼的任务就是为基金会赚取最大的投资回报，从而可以为医疗健康领域的基础研究做出更多的贡献。

在整个基金会，丹尼的位置是举足轻重的。但他看上去和他的职位似乎并不协调。丹尼的个头很小，还不到 1.70 米，这在欧洲人中是不多见的。大概是这个原因，他的西服总是大了一号。但他似乎从不在乎，每天仍然穿着明显不合身的西服大大咧咧地在办公室走来走去。以他的收入，找高级裁缝量身定做几套西服肯定不是问题，但这种事情显然不在他考虑的范围之内。

虽然看上去不怎么起眼，丹尼在整个基金会里却是最受尊重，也是最有发言权的。连基金会的 CEO 都会主动听取他的意见，很多员工甚至把他视为偶像。这一方面是因为他的工作业绩：2011 年，基金会的总资产是 130 亿英镑。在丹尼的带领下，投资团队把基金的价值增长到 2016 年的 190 亿英镑，这还不包括他们每年捐给全世界各个健康科研机构的 10 亿英镑慈善基金。但更大的因素，是丹尼貌似“古怪”的性格和“自相矛盾”的行为。

我的一个朋友曾经在丹尼的团队实习。第一天，基金会的主要领导们向新来的 15 个实习生做了欢迎演讲。他们讲的内容基本上围绕着基金会的历史、理念、现状、成绩、文化等，并鼓励实习生多学习多问问题，希望大家能够喜欢这里的工作环境。一切都和想象中的一样。但是当丹尼走进来，气氛似乎立马变了一点。他风风火火地走到前面，随手从旁边的桌子后面拉了一把椅子，很随意地面对大家坐下来，说：“我们之所以能为医疗健康研究机构捐出那么多钱，是因为我们在投资领域做得非常出色。虽然我们是一个慈善基金，但是对我们投资团队来说，赚取最大的投资回报是我们唯一的目标。所以，我们也许会投那些对健康没有好处的公司，比如石油公司、酒类公司等等。”

之后，他又发表了自己对英国国家医疗系统 NHS 的看法。他觉得 NHS 是一个很失败的系统，既没有效率又缺乏公平性。他说话很直接很随意，和之前几个演讲的高管都不一样，却让在场的每个人的注意力集中在了他身上，并且记住了他。

一天中午，我那个做实习的朋友和丹尼坐在一起吃午餐，才了解到丹尼曾经是著名投资银行高盛集团的一位总裁，而且还创立了一个专门保护环境的慈善机构。朋友称赞说：“你放弃了高盛的高薪职位来维康基金，还自己做慈善。我猜对你来说，为社会做贡献比在高盛玩政治游戏要有意义得多。”

丹尼不假思索地回答：“我当初来这里的原因是薪水更高，职位更高，工作更有趣。如果有一个更赚钱的机会，我也会跳槽去那里。非要玩政治游戏的话，我也可以陪着玩的。”

我的朋友怔住了，一时不知道说什么。如果他只是为了钱，又为什么这么卖力地做慈善呢？

丹尼平时非常严肃，很少露出笑容。他做事雷厉风行，一秒钟都不浪费，而且对工作的要求极高，所有的投资最后都要由他来拍板。团队里的新人都多少有点点怕他。这天，大家正在办公室忧心忡忡地讨论伦敦东部前一天晚上出现的暴乱，很多街边的店铺都被烧了。这时，团队的所有人收到丹尼的一封邮件：“如果大家担心自己的安全，今天可以早点回家。”

这也许是团队里的新人们收到的第一封来自丹尼却和工作无关的邮件。虽然很短，却让每个人感到很温暖。

丹尼在很多人眼里是一个很古怪的人。他不拘小节，不苟言笑，相貌平平，却有一种无形的威慑力，让所有的人都被他吸引。他有时候说的和做的似乎并不吻合，甚至有点自相矛盾，但大家似乎都能感受到他的人格魅力，对他很钦佩。

实习结束后，我的朋友才慢慢悟出来这背后的原因：丹尼在任何时候都暴露出真实的自己，按照自己的想法和信念认认真真做事，没有任何遮掩，没有任何虚伪，也不会过多地考虑他人的想法。正是这种赤裸裸的真实，让大家都记住他，尊敬他。

每个人的性格中都有矛盾的、古怪的地方。之所以我们看不到，是因为大多数人都试图和其他人看起来一样“正常”，于是努力遮掩真实的自己，不敢说出自己的想法，好让别人对自己有良好的印象。其实这样的结果，只能是被埋没在人群中，没有人会在意，也没有人会记住。

那些将真实的自己展现在他人面前的人，虽然也许表面上会有点儿古怪，但时间长了，人们就会感受到他们的人格魅力，给予他们尊重和信任。

寓言：吉米的寻宝路

吉米和很多周围的人一样，想要找到自己生命中的宝藏。但是他不知道应该去哪个小岛寻找。于是他问了很多朋友、邻居和陌生人。吉米意识到多数人都想去众多小岛中一个叫流星岛的。他不太清楚为什么，但是他对自己解释说："如果很多人都想去流星岛，一定是因为它是最好的。"他又问了一个也想去流星岛的好朋友，朋友说："你当然也应该去流星岛啦，据说那个岛上有最好的宝藏。"

于是吉米决定跟随多数人的选择。他觉得跟着大家肯定没错，也会更安全一些。

吉米需要造一座船载他去流星岛。他又看看周围的人。他的朋友们都在造大型的宽体船。"为什么你需要这么大的船？"他问一个朋友。

"这是祖先留下来的智慧。每个人都造这样的船。我猜这样更安全，而且可以装上更多的食物和水。"

吉米觉得有道理。于是他用了同样的设计来造自己的船。他信心满满。如果人们以前就是这么做的，那一定是对的。

终于，经过几个月的努力，每个人都准备好要出海了。这是一个很令人高兴的日子。大家都在忙着庆祝，每个人都很兴奋。

"我们有大多数人的支持。"一个人将他的酒杯高高举过头顶。"这已经是胜利的一半了。有了大家聚集起来的智慧，我们一定会成功到达流星岛的。"

"太好了！"这个庞大人群中的每个人都觉得自己做出了最明智的选择。

"我们要走什么路线？"吉米问刚才向众人致祝酒词的人。"我们知道一条传统的路线。这是最好的路线，你应该跟着我们。"

“除了这条外，还有其他路线吗？”

“有可能有，但是大多数去流星岛的人都会走这条传统路线的。你不至于想一个人去走别的路线吧？”

一条接一条的船被推下了水，开始了各自的航行。吉米站在自己的船上，看着另外几只船渐渐漂去了别的方向。但是大多数的船还是和自己的在一起。“我很高兴选择了这条路线。”他对自己说。

几天过去了，航行还算顺利。但很快他们到达了一个海峡。这条海峡看上去很窄，容不下这么多船只通过。吉米有点担心了。他向在另一条船上的朋友叫喊：“这个海峡看起来很窄。我们能顺利通过吗？”

“我们大概得挤一挤了。不过先看看前面的船怎么过吧。”

吉米加快了航行速度。他不想被困在长长的队伍里等待穿过海峡。但是越来越多的船开始出现在吉米旁边，航行变得越来越困难了。他努力向前驶去，但是很快就被困在了一群船只的中间。

没有办法移动，吉米只能眼巴巴地在队伍里等待。他开始怀疑自己能否最终到达流星岛，而即使他到了，那里还会不会有宝藏。他甚至不知道那个小岛能不能装得下这么多人。他开始有些惶恐了。他试着前行，但是这条又大又宽的船根本无法穿过船与船之间狭窄的缝隙。“我要是有一条小些的船就好了。”吉米开始后悔了。

很多天过去了。就在吉米快要消耗完自己船上的水和食物时，流星岛的海岸终于出现在他的视线里。这个小岛看起来很繁荣。吉米难以抑制自己的兴奋。他迫不及待地跳下船，登上了这个自己梦想了很久的小岛。

岛上有很多人。奇怪的是，每个人似乎都很忙碌，眼神里透出担忧。吉米看到一位以前的邻居，于是过去打招呼："嗨，你找到宝藏了吗？"

"都被来得早的人挖走了。如果你想要养活自己，就得为他们打工。"

吉米有些失望。他找到一个来得早而得到宝藏的人。"你什么时候来的，怎么来的？"

"我比大多数人提前七天出发的。我造了一条小些的船，走了一条更短的路线。但是我来的时候这里早已有人了，所剩的宝藏也不多了。"

虽然这只是一个寓言，但吉米的故事在现实生活中是不鲜见的。这个世界上的大多数人都和吉米一样思考和行动。他们相信，传统的和大众的"智慧"是最好的。

有些时候，传统的智慧的确是最好的。但有些时候，这些智慧早已过时了。另有些时候，这些智慧则完全是错误的，仅仅来源于一些随机的事件，或者一个被人们讲了很多遍的传说。

我曾经听过这样一个笑话。一天，一个公司职员走在市中心，发现很多人都在抬头朝天上看。他很好奇，于是也抬头看了一会儿，但是没看到什么特殊的东西。他问一个正在抬头看的人："请问你在看什么？"

“我不太清楚。我猜大概是那栋摩天大厦的上方有什么东西。”这个公司职员接着又问了好几个人，每个人都不太清楚自己在看什么。最后，他终于找到了第一个向上看的人。

“你好，请问你在看什么？”

“啊？我什么都没有看啊。我的鼻子出血了，但是没有带纸巾……”

吉米的遭遇也许是因为传统的智慧已经过时了，或者这些智慧也只不过是运气的结果而已。最先来到流星岛的人们也许是通过他们自己的研究、探索和运气发现了这个满是宝藏的小岛。他们告诉其他的人这个小岛有多好，于是每个人都想来这里。他们的“智慧”就这样被传下去，包括他们的航行路线和船只的设计。但是这些“先驱”们也许并没有试过其他的路线，他们的大船可能并没有对他们发现这个小岛有什么实质的贡献。但是因为他们发现了这个小岛并获得了财富，人们自然把他们所有的行为都视作成功的秘籍，每一步都认真仿效。殊不知，小岛早已过于拥挤，而一大群宽大笨拙的船只则成了他们通往目的地途中最大的障碍。

现代社会中的就业市场和股票市场也有相似的模式。人们总想要和成千上万的人争抢昨天薪水最高的工作，或者争先恐后地购买昨天收益最高的股票。然而你如果想要成功，就需要去寻找明天的藏宝小岛，而且最好在其他人到达那里之前。

平庸缘于从众

我们不难观察到很多非常成功的人如何和大众的行为截然不同，但是大多数人还是本能地模仿周围人的行为，紧随众人的脚步。人的本性就是跟随其他人的，毕竟，我们的祖先就是靠跟在族群里年长的人身后重复他们的行为来学习生存技能的。实际上，仿效是学习新技能最有效的方法之一。但是这并不代表你就应该盲目地跟着别人的脚步而不去为自己思考并开拓适合自己的道路。大众思维通常不是基于理性，而是被情绪和冲动控制，所以有时候是很不理性的，甚至是危险的。这种冲动和非理性的行为创造出一时的流行，而这些流行就像泡沫一样，在短时间内迅速膨胀，但是最后的命运都是一样的——在某一时刻，它终会瞬间破灭。大多数这样的泡沫会很快被人们遗忘，但是其中一些对社会产生的负面影响，却会久久不褪。

这个现象在股票市场上体现得尤其明显。大多数小额投资的股民不会自己去深入研究市场或者上市公司。他们的投资策略就是“跟风”，看哪支股票是在周围的朋友、同事、亲戚中最受欢迎的，然后也跟着买。但是如果每个人都去买某一支股票或者蜂拥进入股市投资，那在理智的投资者看来，是一个不好的兆头。太受欢迎意味着价格虚增，远远超过实际价值，总有一天会崩溃。一个叫约翰·罗斯尔德（John Rothchild）的金融撰稿人曾写过这样一个有名的故事：有一天，一位叫乔·肯尼迪（Joe Kennedy）的富商，后来的美国总统约翰·肯尼迪（John Kennedy）的父亲，去找他的擦鞋童给他擦鞋。这位擦鞋童一边擦鞋，一边给乔饶有兴趣地"传授"投资股票的秘诀。他听了之后连鞋也顾不得擦完就奔到自己的股票经纪人那里，卖掉了他所有的股票。那是1929年，恰恰在美国股市大崩盘之前。

多数追随大众、遵循传统和惯例、被别人设定好的系统束缚的人只会拥有平庸的事业和人生。他们对大众的盲目信任以及对"与众不同"的恐惧，阻止了他们创造不平凡的业绩。

要创造属于你自己的成功，你首先需要定义自己的道路。每个成功的人总是先找到了最适合自己的路径，之后用自己独特的方式达到了目标。你需要独立思考，并且敢于创新。在其他人眼里显得"古怪"并不是坏事。毕竟，那些被大家崇敬的杰出人士通常在众人眼里都多少有些古怪，而且经常是越成功，越古怪。既然想成功，又为什么要害怕和其他人不同呢？

像埃迪一样突破自我

要在任何领域脱颖而出，你需要不断地超越自身的极限，做一些别人没有勇气或决心做的事情。

埃迪·雷德梅尼（Eddie Redmayne）是一位年轻的英国演员。在即将进入而立之年的时候，他给了自己一个很大的挑战——在电影《万物理论》（The Theory of Everything）中扮演当今世界上最有名的科学家斯蒂芬·霍金（Stephen Hawking）。作为一个身体健全的年轻人，他需要在电影里让自己整个身体的肌肉失去能力，来刻画这位患有运动神经元病（MND）的传奇人物。绝大多数MND病人都只有1～2年的生命，而霍金能成功与病魔抗争50年，无疑是一个世界奇迹。

埃迪深知扮演这个角色的挑战性。他心里很清楚，这个角色可能会把他推上自己演艺事业的一个高峰，但也同样可能使自己惨败。但他还是追着导演竭尽全力争取这个角色。他想给自己一个真正的挑战，突破自己的极限。他所做的第一件事，就是拜访伦敦最大的神经肌肉疾病中心，去观察和了解这些MND病人。他每两周就去那里呆上好几个小时，和病人及家属聊天，和他们一起吃饭，观察他们的每一个动作。他觉得自己需要彻底理解这些病人的生活，才能够演好这个角色。他还聘请了舞编、动作专家和骨科专家来做他的老师，帮他仔细揣摩每一种姿势和动作。

埃迪不知疲倦地训练着他的每一块肌肉来做和一个正常人相反的事——缩短它而不是伸展它。他还自制了很多卡片来提醒自己在电影里每一个场景中每块肌肉的动作。

在电影开拍之前，他就这样在这个角色里生活了几个月。他的努力最后收获了令他惊喜的回报：在电影中，他的每一个动态和静态，都把一个MND病人刻画得淋漓尽致。他精湛的演技为他赢得了奥斯卡最佳男主角奖、英国电影学院奖、金球奖、美国演员工会奖，使年轻的埃迪站在了自己演艺事业的高峰。

绝大多数演员也许都不会因为一部影片而做到埃迪所付出的努力。多数人甚至不会去接这个角色，因为这是一份难度极大、风险极大的工作。但是埃迪清楚，正是别人都不想做的工作，和别人都不肯付出的努力，才会让他与众不同，才会让他有机会展示自己的风采。而这次独一无二的机会，也为他自己创造了奇迹。

摆脱金字塔困境

追随传统智慧通常意味着你将和一个庞大的人群竞争。过于拥挤的地方很少是好的，除非你是最先到达的人之一。共同竞争的人们很自然地会形成一个金字塔的形状：大多数人都在底层，而最高处则只有零星几个人。竞争的人群越庞大，爬向高处就越困难。而且通向顶层的道路就像是一个永远没有尽头的陷阱，你必须越来越奋力地向上爬，可是每当你觉得自己快到顶的时候，再向上看，就会发现前面的阶梯还有很多。而你爬得越高，就越难逃离这条漫无止境的道路。

我在北大读本科的时候第一次亲身体会到了这种“金

字塔困境”。我在读中学的时候，是全校成绩拔尖的学生，考试成绩几乎每次都排名前三。高考中我的成绩在全省前一百位，被北大录取。而这种骄人成绩几乎每个北大学生都曾有过。我们都曾是全国各地中学生中的佼佼者，站在金字塔的顶端。但当我们在北大相聚的时候，我们组成了一个新的金字塔。在我所在的学院里，传统的“成功”道路是刻苦学习，拿到优秀的GPA和GRE、托福成绩，申请诸如哈佛、斯坦福、约翰霍普金斯之类的美国名校的博士项目。

不幸的是，这个新的金字塔还是一样的形状，大多数人在下面，只有少数在最高处。但是要到达这个新的金字塔的顶端要比以前难得多。这里的每个人都极聪明，很努力，对考试也都非常在行。

北大的每一位同学都已经习惯了最高处的位置，因此很多接受不了这个新的现实。这也许是很多人有生以来第一次丢掉金字塔顶端的位置。一些下决心要加倍努力学习，并选择一些可以拿到高分的课程，而不是自己最想学的课程。一些决定放弃登顶的努力，接受这个在北大再平庸也不会太坏的现实，等着生活领着他们走向下一步。另一些，知道这个新的金字塔并不适合自己，努力攀爬也是徒劳，于是决定走另一条路。他们找到了另一个自己可以爬到高处享受美丽风景的金字塔。

那些选择改变的人将人生掌控在了自己手中。他们知道和周围人走同样的路，或者追随一个传统的路线，并不一定对他们是最好的。他们去寻找一个属于自己的方向，可以让他们在实现卓越的同时，也能充分享受，而不是不知疲倦地向着一个自己其实并不在乎的目标努力。这些人通常是最成功的。他们没有在一个自己并不擅长的专业里再去追求一个更高的学位，而是找到了自己喜欢的工作、转到了自己擅长的专业、抓住了一个独特的机会，或者去追求自己的热情。这些人中很多在几年后或在公司做了管理职位，或在某个领域有了自己的建树，或找到了自己想要的财富和快乐。他们得到了令很多在传统道路上挣扎的人们艳羡的成功。

但大多数人还是选择了被困在这个金字塔里。他们似乎觉得自己既然在这里了，就有义务往上爬，即便在这个过程中会觉得痛苦和沮丧。他们的迷失感越来越强。他们进入了研究生院，拿到了博士奖学金，但是他们并不享受这些没完没了的助教、实验、文献。他们不知道自己的下一步是什么，也不知道他们的事业会不会永远停留在实验室里。但是他们总是没有停止攀爬这座金字塔，虽然这并不是他们真正想要的。

改进的空间总是有的

你用另一种方式做事并不是为了不同而不同。“不同”和“优秀”是完全不一样的概念。那些为了叛逆而叛逆的人只会很快被社会忘记并陷于孤立。你的与众不同是因为你总是设法让事情向好的方向发展，并大胆追求自己真正的梦想和热情。

很多人追随传统的智慧并不是因为他们不想和别人不同，而是不知道什么是更好的。但这个世界上没有任何一种事物已经到了没办法再改进和创新的地步了。创新来源于开放的思想和极强的好奇心。你的想象力是唯一的局限。所以你要总是保持开明的思想，随时准备接受新事物、新想法。每次做事情的时候，试着像第一次做它一样，时不时地换一种新的方法。有一天，你没准儿会有突破性的发现。

第 11 章 散播你的“磁力”

强大的情绪“磁力”

几年前我认识了汤姆，一个高管招聘公司的猎头经理。他所在的公司主要帮助其他公司和组织招聘有咨询或金融背景的人才做高管。他三年前大学毕业后从人才助理开始做起，到 2015 年，已经是管理 50 人团队的经理了。他在公司可谓是明星人物，已经帮助很多大客户成功地招进关键人才，并且将自己公司人才数据库里的人才数量翻了一番。公司里几乎每个人都喜欢他、敬佩他。最重要的是，他热爱自己的工作。不管你什么时候见他，他的脸上总会挂着一个大大的微笑，即便他过去的一周工作了 100 个小时。

“这对我来说不像是工作。我在这儿是帮助人才和需要人才的客户的。这给了我很大的满足感。我热爱我的团队，热爱所有那些在我的帮助下找到理想职位的人。他们都是人才中的佼佼者。我觉得自己很荣幸和他们合作并成为朋友。”

如果你和汤姆见面，就会立刻被他积极乐观的态度所感染。他会给你一个大大的拥抱，即便他连你的名字都还不知道。他会像见了久别重逢的老朋友一般地和你打招呼。在对话过程中，他的身体会在你说话的时候微微向你倾斜，把他所有的注意力都集中在你的言语和表情上，并且时不时提出问题,以确保他完全理解了你的意思。当他和你说话的时候，他会看着你的眼睛，用一种坚定但又欢快的语气娓娓道来。你猜效果是什么？你会发现自己很难不赞同他的话。他的语言，他的动作，他的表情，都传递了同一个信息：我是真心要帮你的。我向你推荐的人是你最好的选择，而如果我可以帮到你，我会很开心。

“在我物色到一个非常适合某个客户需求的人才时，我会对这个人才的兴趣和目标同样仔细认真地考虑。如果这个职位不会给他最好的成长机会，或者和他的目标和期望不匹配，我不会把这个职位推荐给他。我会和他交个朋友，如果下回有更适合他的机会了，我会给他打电话。”汤姆说，“后来，人们开始给我打电话，问我有没有适合他们的机会。他们总是信任我的推荐。他们知道，我总是把他们的利益放在前头。”

汤姆的真诚和积极的态度不但吸引了很多的客户，还在自己的团队里有很强的“传染性”。他带领的团队里每个人都很快乐，工作也很有动力。如果有任何一个同事觉得沮丧或者不开心，汤姆会在两分钟之内让他重新振作起来。“这个世界上没有比快乐和帮助他人更重要的事情了。消极的情绪是浪费时间，生命太短暂了，哪有时间不开心！”汤姆的话的确影响了他身边的每一个人。

汤姆事业成功的秘诀在于他可以把自己的情绪和态度散播给周围的人。这是一种强大的“磁力”，因为那些受到他感染的人又会去和其他人交流，再把这种积极的情绪传播给更多的人。很快，很多人就会开心起来，因为他们都被这积极的情绪感染了。人们把这种能力叫“感召力”或者“个人魅力”。这是一种富有魔力的能力，一种会让你和你周围的人都受益匪浅的能力。

我在北大最后一年做毕业论文课题研究的时候，所在的课题组有一个副教授。在我认识她之前，就听实验室其他人说她人很好。每天早上一走进办公室，她就会给每个人打招呼，脸上带着甜甜的微笑。如果有学生遇到什么难事，不管是工作上的还是生活上的，他们都会先去找她倾诉。她会认真地听他们讲，然后尽力帮助他们。她会说：“你现在可能觉得很难，但是等过一段时间再回头看的时候，你会发现这其实没什么大不了的。有些事情不要太较劲，生活还是美好的，不是吗？”话很简单，但她积极诚恳的态度非常有感染力。这个学生很快就会高高兴兴地从这位副教授的办公室走出来，好像烦恼突然都不见了。她的学生几乎每一个都以优异的成绩毕业，并有一个很好的职业前景。

我们都多多少少被别人的行为和思想感染过，不管是正面的还是负面的。你可能会觉得这种感染是双向的：当两个人交流的时候，会被对方的情绪和言语互相感染。但是事实上，这种感染几乎每次都是单向的。在任何两个以上人们之间的交流中，总会有一个人比别人更有感召力，他们的情绪和言语会不知不觉传播给在场的每一个人。

在麦尔坎·葛拉威尔（Malcolm Gladwell）的畅销书《引爆点》（The Tipping Point）中，作者描述了一个有趣的实验来证明这种单向传播。这个实验是由美国加州大学河滨分校的弗里德曼主持的。他设计了一个测试，可以测量每个受试者的感召力有多强。我们不妨把这个测试叫做“感召力测试”。在他的实验中，受试者首先做感召力测试，然后填一张关于他们当时的情绪的调查问卷。这些都做完之后，弗里德曼就把这些受试者分成三人一组，每组里有一个感召力测试得分很高，即感召力很强的人，另外两个则感召力较低。他让每一组的三个人坐在同一个安静的房间里两分钟。在这两分钟里，他们彼此不能说话，只是静静地看着其他两个人。

之后，每个受试者又会填写同样一份询问他们此时情绪的问卷。实验的结果揭示了一个令人大吃一惊的现象：在那两分钟里，即使没有说一个字，那个高感召力的人还是把自己的情绪传染给了另外两个人。如果这个高感召力的人之前觉得很兴奋而另两个人觉得失落，两分钟后两个失落的人就觉得更兴奋了，但是那两个低感召力的人却从没有对高感召力的人的情绪有任何影响。情绪毫无例外地总是从高感召力的人那里蔓延开来。

朋友，还是敌人

1806年，当时的奥地利王子克莱门斯·冯·梅特涅被聘为新任的奥地利驻法国大使，并和法国皇帝拿破仑第一次会面。那一年让所有奥地利人感到羞辱——在与拿破仑的战役中惨败后，这个昔日欧洲最强大的帝国只能忍痛割让土地，并和拿破仑统治的法兰西第一帝国签订了不平等条约，因为当时的奥地利帝国对法兰西强大的军队无计可施。对梅特涅王子来说，那是个无比痛心的时刻。

作为战胜方的拿破仑此时正热切盼望着拉拢奥地利作为自己的同盟国，这当然不能是平等的同盟，而是一个下属同盟国，让拿破仑用来巩固自己在欧洲的地位。他的计划是首先赢得梅特涅的心，因为这位颇具魅力的奥地利王子在他的国家有很高的威望。拿破仑一向对自己强大的读心术和运用对方心理来为自己谋利的能力很是自豪，这回，他已经准备好了要打赢对梅特涅的攻心战。

在两个人的第一次会面中，拿破仑用尽浑身解数企图让这位奥地利王子感受到自己强大的个人魅力和无可比拟的权力。和梅特涅说话的时候，他在房间里挺起胸膛慢慢踱步，以便让自己显得高大威武一些。他在谈论政治的时候用尖锐的言辞，让自己听起来自信且有说服力。他还努力遮盖自己的乡下口音，让人听起来像是操着一口时髦的上层阶级口音。这次会面后，拿破仑觉得自己的招数非常成功：王子从头到尾都礼貌认真地听他讲述政治观点，并时不时地赞扬他的眼光和智慧。拿破仑觉得自己已经毫无疑问地打动了梅特涅。

后来的几个月里，梅特涅和拿破仑又进行了好几次私人会面。拿破仑渐渐开始喜欢这位奥地利王子，而且喜爱的程度越来越深。他觉得梅特涅是为数不多的聪颖过人并能真正理解拿破仑智慧的人之一。他开始向梅特涅更加坦诚地谈论自己的思想，并把他当做一个朋友。

1809 年，奥地利向法兰西宣战，但又一次输给了拿破仑无敌的强大军队和狡猾的作战策略。这个法国皇帝又一次展示了他的威力，向奥地利要来更多的土地。他的朋友梅特涅在被拘留后不久就被放了出来，成了奥地利的外交大臣。

几个月后，奥地利皇帝弗朗西斯一世给了拿破仑一个惊喜：他提出要将自己的大女儿嫁给拿破仑。这位法国皇帝欣喜若狂，觉得这一定是梅特涅的主意：梅特涅知道拿破仑对自己的现任妻子不满意。于是他欣然迎娶了这位奥地利公主，而他和梅特涅的个人关系也更加亲密了。

梅特涅参加了拿破仑的婚礼，并在法国住了六个月。利用这次婚姻和一些恭维，他说服了拿破仑放松奥地利 1809 年战败之后和他签署的不平等条约中的一些条款，并允许奥地利重新建立自己的军队。拿破仑觉得自己已经和奥地利皇家有了如此亲近的姻缘关系，就没什么可担心的了。奥地利皇帝怎么会背叛自己的女婿呢？更何况自己又是王子梅特涅的好朋友。拿破仑对自己的成就颇感自豪，于是便开始谋划下一步更大的计划——征服浩瀚的俄国。

在拿破仑开始入侵俄国的时候，梅特涅向他提供了 3 万奥地利士兵。这和拿破仑进攻俄国的浩浩荡荡 70 万大军来比根本可以忽略不计，但是这一举动让拿破仑更放心地知道奥地利是他忠实的盟国。

对俄国的进攻进行得并不像计划的那样顺利，拿破仑不得不带着损失惨重的军队暂时撤退。梅特涅和交战双方都有很好的关系，于是提出为两方调停。在后来双方协商的三个月里，梅特涅虽然表面上持中立态度，却在暗地里挖法国的墙角。他渐渐使奥地利和法国的联盟疏远，同时又小心地在这场谈判中没有让任何一方有压倒性的优势。

1813 年，俄国、普鲁士、英国和瑞典联军向法国宣战。拿破仑知道，如果他没有强大的联盟，是无法赢得这场战役的。他转向了奥地利。自从拿破仑同意奥地利重建自己的军队后，奥地利的军队已日益兵强马壮。拿破仑觉得自己肯定可以从岳父那里借来军队。但令他万万没有想到的是，他等到的奥地利官方声明却是：如果法国不投降，奥地利就会加入俄国联军。

他立即要求和梅特涅会面，而当他看到这位昔日礼貌友好的奥地利王子时，却大吃一惊。梅特涅不再友好，也不再认真听拿破仑的话。他以一种拿破仑从未听过的坚决和冷酷的口吻清楚地告诉他，法国必须将自己的军队撤回到法国原先的疆土之内，不然奥地利将加入抗法同盟。拿破仑没有同意，于是梅特涅发出 15 万奥地利军队加入了俄国、普鲁士、英国和瑞典的联军共同抗击法国。

拿破仑这才意识到自己已经犯下了一个致命的错误。他被联军打败，流放到厄尔巴岛上。如果他当初留心一些，也许能注意到梅特涅在一点一点地、耐心而又系统地挖他的墙角。但是，在他和梅特涅的多次会面中，他的警惕性被梅特涅的个人感召力和对他的尊敬及恭维慢慢卸除了。拿破仑被梅特涅的“磁力”吸引得如此之深，以至于把面前的死敌当成了最值得信任的朋友。

梅特涅从一开始就很清楚，用硬碰硬的军队作战的方式是无法让奥地利在和拿破仑的战役中完胜的。这个奥地利王子的计划，是从第一次和这个傲慢自大而又威力十足的法国皇帝会面开始，一点点地打开他的内心。梅特涅认真地聆听拿破仑发表观点，给他一些听上去真诚而不显谄媚的赞扬，同时仔细地研读和揣摩拿破仑言语、动作和表情背后的动机和情绪。

梅特涅很快就意识到，虽然拿破仑表面上看起来很有威力、很自信、很有说服力，但他的内心深处有很强烈的不安全感。他迫切地需要认同和荣耀，而想和奥地利皇室建立深厚的关系，正是为了满足他的虚荣心。在他们的一次会面中，拿破仑对他说：“我必须被所有人崇敬，我需要无上的荣耀。”

梅特涅决定给拿破仑所有他想要的。他一点一点地、神不知鬼不觉地赢得了这个法国皇帝的信任。他用自己既轻松又沉着，既殷勤又真诚的表象迷惑了拿破仑，使他相信自己是一个可以信赖的朋友。他小心地对拿破仑的政治观点做出评论，用微妙的恭维之词让他心花怒放。奥地利皇室的提亲给他和拿破仑的关系又恰到好处地抹了一层蜜，从此以后，拿破仑对这位奥地利王子的戒心就彻底放下了，并坚信自己已经完全把奥地利转化成了他忠实的同盟国。拿破仑的策略是要诱惑梅特涅，但这种诱惑却完全调转了方向。梅特涅始终把拿破仑视为敌人。他希望逐渐侵蚀掉拿破仑的威力，而诱惑拿破仑是他计划中重要的一部分。

梅特涅后来知道，拿破仑已经被自己强大的“磁力”深深地吸引了。于是他向拿破仑提出了一个似乎没什么坏处的提议：让奥地利重新组建自己的军队。拿破仑当然对自己的朋友信任有加，于是没有多想就点头了。梅特涅没有用任何战争就赢了这位残忍的、似乎战无不胜的皇帝。

梅特涅的成功展示了感召力和影响力的强大作用。控制别人思想和行动的最好途径不是命令或者暴力，而是通过传播你的感染力来赢得他们的内心，让他们的思想和情绪像你所希望的那样发展。

梅特涅通过操纵拿破仑的信任和感情来对抗这位法国皇帝。这是一种打败强敌的有效战略。但是在我们的现实生活和事业中，持久的影响应该总是积极的，对任何一方都有利的。这是感召力的真谛——向他人传播积极的情绪、正面的能量、有益的行为。这样，所有人都能够从中获利。

但是，在生活和事业中的某个阶段，你不可避免地会遇到一些利用他们强大的感染力来试图影响和操控别人而为自己谋利的人。你必须一开始就有意识地保护自己，否则很难避免被这个人带到了他设计好的思维模式中，而这有可能和你自身的利益相悖。残酷的现实是,除非你的感染力更强，否则很难逃脱别人的磁力对你的心理和情绪的影响。如果你不吸引别人，你必然会被别人的磁力所吸引，陷入他们为你精心设计的圈套里。

菲舍尔战术

1972 年的国际象棋世界棋王赛比往届都吸引眼球，甚至被诸多媒体称之为“世纪之战”。这次比赛的收视率和媒体关注度都是之前几届比赛的两倍多。对守卫自己国际象棋世界冠军宝座的鲍里斯・斯帕斯基来说，这场战役是极其关键的。苏联已经连续 24 年在国际象棋界称霸了，而现在这个位置要全靠斯帕斯基来保持。他需要战胜来自美国的挑战者博比・菲舍尔。当然，菲舍尔同样身背巨大的压力，要为美国赢得历史上第一个国际象棋冠军。

比赛在冰岛的雷克雅未克进行。开始之前，斯帕斯基感到很不安。菲舍尔在之前的挑战者选拔赛中的表现异常出色。他以 6 比 0 的成绩击败了两位国际象棋世界级大师，而这种完美的成绩在选拔赛中是前所未有的。菲舍尔在棋王赛开始之前就已经被媒体团团包围，很多评论者预测菲舍尔在这场比赛中将会彻底摧毁斯帕斯基。

但是菲舍尔似乎并没有表现出多少自信。比赛之前，他强烈要求将比赛奖金翻倍，甚至威胁如果奖金数目达不到他的要求，将退出比赛。就在比赛即将被取消的时候，一位阔气的银行家捐出一大笔钱，才满足了他的要求。他又抱怨比赛的城市、场地、灯光等等，几乎对比赛的每一个细节都有意见。他的要求没有完全被采纳，他于是很生气，没有在比赛开幕式的时候到达冰岛。

面对菲舍尔异常的行为，斯帕斯基除了努力让自己有耐心外没有别的办法。如果菲舍尔决定不参加比赛了，斯帕斯基自然不战而胜，但他还是希望能够通过赢得这场比赛来保住自己棋王的地位。这场比赛对他的围棋职业生涯至关重要，所以他一定得赢。

最后，菲舍尔终于在比赛开始之前到达了雷克雅未克，但他还是不停地抱怨比赛组织者所安排的一切，并威胁要退出比赛。这使得斯帕斯基觉得很不舒服，甚至有些恼火。在第一局棋开赛那天，菲舍尔到场晚了，如果再晚一分钟就得自动弃权。比赛开始不久，他走了很糟糕的一步，以至于没有人相信这会出自一位技艺精湛的棋手。这步棋很快把菲舍尔逼上了绝路——赢这盘棋是不可能的了。可正当斯帕斯基精心策划好赢他的策略时，菲舍尔突然冒出大胆的一步，令斯帕斯基大为不解，整个战术也全被打乱了。但斯帕斯基很快还是把思路调整了回来，赢了这盘棋。

第二局棋开始之前，菲舍尔又一次迟到了。这次他太晚了点儿，所以斯帕斯基自动赢了本局。至此菲舍尔已经丢掉了两局棋。对一个棋王挑战者来说，扳回这样的局面是非常困难的。

然而从第三局棋开始，菲舍尔似乎突然回归正常。他没有再迟到，下棋的时候也看起来更专注更自信。这种态度上的突然转变让斯帕斯基百思不得其解。他开始觉得之前发生的一切都是菲舍尔精心策划的，而现在这位美国挑战者要展开自己的王牌战略了。

更令斯帕斯基焦虑的是，菲舍尔并没有运用他通常的开局和战术。作为一个世界棋王，斯帕斯基的秘诀在于在很早的时候就读出对手的全盘战略，然后精心策划出一个反策略来一步步战胜对方。他下棋时极为耐心和神秘，可以在他的脑子里谋划出接下来的一长串步骤，在对方不察觉的情况下逐渐吃掉对手，但是菲舍尔似乎没有遵循任何战略。每当斯帕斯基刚刚觉得似乎搞明白了对手之后要怎么走，菲舍尔就突然走出完全出乎意料的、甚至是极不恰当的一步，进而彻底摧毁了斯帕斯基刚刚酝酿好的计划。在艰难的挣扎之后，斯帕斯基输掉了第三局。

在之后的几局较量中，菲舍尔继续着他飘忽不定的下法，最后斯帕斯基终于受不了了。他有一种强烈的挫败感，精神似乎邻近崩溃了。他宣称菲舍尔向他施用了催眠术。他开始对自己的饮料、椅子等所有的事物产生怀疑，认为菲舍尔给这些东西设下了圈套来控制他的思想。苏联官方也开始宣称菲舍尔用了电子和化学设备来控制斯帕斯基。于是冰岛警方把整个比赛场馆翻了个底朝天，检查了椅子之类所有的设备和物品，但是没有发现任何异常。

在之后的一局棋开始不久，斯帕斯基就再也无法继续下去了。他在40步棋之后离开了赛场，并于第二天宣布放弃世界棋王的称号。

斯帕斯基的失败在很大程度上源于他对菲舍尔的“磁力”缺乏防守。斯帕斯基在国际象棋界最大的优势是他破译对手战略的能力，并且能够在棋局中保持冷静，深谋远虑，根据对方的策略精心布置战局，在神不知鬼不觉中置对手于死地。这种超凡的能力使他在和菲舍尔的这次棋王较量前几乎战无不胜，包括和菲舍尔之前的几次对决。但这次斯帕斯基没有料到，自己的强大武器竟然被菲舍尔将计就计地利用而反过来攻击自己。他没能够抵御菲舍尔强大的心理磁力，而是深深地陷入了他设计好的心理陷阱。

菲舍尔很清楚斯帕斯基战无不胜的秘诀。他意识到打败这个世界棋王，必须设法让他无法使用自己的秘密武器。于是菲舍尔精心策划了这一系列比赛前和比赛过程中荒唐的、大胆的、无理的行为，目的是让斯帕斯基失去惯有的冷静和平衡。这个策略让斯帕斯基无法招架，因为他对这种完全针对心理和情绪的攻击没有一点防御能力。

他的毒舌让人疯狂

西蒙·考威尔是英国大名鼎鼎的音乐选秀节目评审。他的身价已经远远高过很多好莱坞大牌明星，只要有他做评审的选秀节目收视率绝对异常火爆。观众似乎并不在乎选秀节目本身的主角——那些参加选秀的业余歌手们，而是完全冲着西蒙来的。

西蒙在选秀节目上的成功来得并不顺利。2001 年的一天晚上，他坐在自家电视机前观看英国首档歌手选秀节目“Popstars”，心里很不是滋味儿。几个月前，这档节目的制作人找到他，希望他来节目中做评审。他拒绝了。今天，这档节目成了收视率最高的娱乐节目之一。

不过他并不觉得自己完全错过了机会。他很快找到另一群制作人和音乐人，也想做一档类似的节目，叫做“Pop Idol”,和“Popstars”直接竞争。经过几个月马不停蹄的准备，第一轮选秀试听开始了。西蒙和其他三位评委正襟危坐，等待第一名选手上场。这位选手刚开口唱了第一句，西蒙就听不下去了。这种水平也敢参加选秀？但是毕竟有那么多观众看着，西蒙只好坚持听下去。选手唱完之后先下台，评委们讨论一番之后，再把他请上台。西蒙很礼貌地跟这位选手说：“很遗憾这次不能让你进入下一轮了，你还需要再练习练习，希望你以后有机会再来参加，祝你好运！”

接下来第二个，第三个……绝大多数选手唱得都很差，但是他们还是得一遍遍重复那些礼貌的说辞。

“这样不行的！”制作人忍不住插话了。

“肯定不行，太假了，我都快憋死了！”西蒙叹道，“这样的节目没人会看的！”

“你们不要装了，把真实的想法直接告诉选手吧。”制作人建议说。

西蒙点头同意。只有真实的才是最吸引人的。

第二次选秀试听，西蒙决定想说什么说什么。可是当选手战战兢兢回到台上，西蒙又说不出口了。他最后还是把大多数话咽了回去，礼貌地告诉他们这次不行，以后再试吧。

西蒙很沮丧。他知道这样的节目收视率肯定不会高。他和另一位评委出去散步，讨论怎么让自己把最真实的想法说出来。他对另一位评委说：“干脆别让他们唱完后下台，评委们不用单独讨论。咱们想说什么直接说，不要给自己思考的机会。”

回到座位上后，又来了一位唱得不堪入耳的选手。西蒙这次没有给自己时间。音乐刚落，他就说出了自己的真实感受。整个房间安静了好一会儿。大家都有点不知所措。选手满脸尴尬地下了台。下一位，西蒙同样以尖刻的语言评价了他的演唱，毫不留情。其他评委也开始放开了，渐渐地，评委之间似乎有了一种默契，评委席上的气氛活跃了很多，时不时迸发出笑声。一些选手虽然有点惊讶和难堪，但多数还是感谢了评委们的坦诚，有的甚至被评委的妙语逗笑了。

节目播出后，收视率节节攀升。但西蒙并没有满足于此。

他的评论越来越尖刻，有时候甚至有点侮辱性。一次听完之后西蒙说:“我刚才感觉自己像是在动物园里。这哪里是人的声音！我长这么大还从来没听到过这样的噪声。”另一次，他一直没有发言，到最后才说:“我一直在我的脑海里搜寻什么样的词可以形容刚才的声音有多难听。”

观众们彻底疯狂了。“Pop Idol”的成功出乎所有人的意料，而西蒙无疑是节目里最受关注的人。

西蒙自己也没有料到观众会对他的刻薄评论如此疯狂。这天，他打开一些评论网站，想看看观众对他的评价。这一看让他吃了一惊。大家都说西蒙太刻薄太恶毒了，他应该被节目组赶走，不能再任由他毒害音乐界了。

西蒙犹豫了。也许自己真的有点太刻薄了。于是下一次的节目中，他刻意收敛了不少。但西蒙很快就感到收敛之后的他不是真实的自己了，节目突然变得无味。观众们果然也立刻失去了兴趣，很多人看一半就换频道了。

于是西蒙决定忘记那些观众的评论，回到自己最真实的风格。

选秀节目成了西蒙事业走上巅峰的里程碑。几年后，他创办了自己的选秀节目“X-factor”，并且在“American Idol”——美国版的“Pop Idol”里做了毒舌评委，同样在美国大受欢迎。西蒙无疑成为了歌手选秀节目的象征性人物。

西蒙·考威尔的“磁力”是他毫不遮掩的言辞和不加修饰的自我。他用这种“磁力”把观众牢牢地吸引住，让观众对他又爱又恨，却忍不住要看他的节目。

为什么这种“磁力”有如此强大的威力？大多数人在他人面前都会戴上一个面具，让他们显得礼貌、得体、和周围环境保持和谐。他们很少透露自己的真正感情和真实想法，而是说别人想听的，做别人想做的。这样的人不会给众人留下深刻的印象，也不会把他人吸引到自己身边。真正有魅力的人是那些展现真实自我的、不畏惧别人言论的人。每个人的个性都是具有多面性的。西蒙的性格本身并不一定是刻薄的，但他对音乐有超乎常人的敏锐判断力，而只有把这种判断完全发泄出来，他才能表达出自己真实的想法，才能把观众吸引过来。

行动津梁

不要掉进别人的思维陷阱

在面对面的群组讨论中，你经常会观察到这样的现象：不管这个讨论组有3个人还是30个人，总会有一两个人是主要角色。他们通常决定讨论的话题，并且对结论的贡献最多。他们不一定是话说得最多的，但是不管他们说什么，组里参加讨论的其他人就会转向他们的观点、想法或议题。整个讨论会以他们的言语为中心，最后组里的多数人会同意他们的观点。80/20规则又完美地在这里体现了：少于20%的人对讨论的话题和结论有超过80%的贡献。对大多数其他参会者来说，参加这个讨论或许就是浪费时间，不过是给那些主要角色一个机会来发挥他们的感召力，用他们强大的磁力来说服其他人接受他们的观点。而这个过程并不总是很明显的，很多被“吸引”的参会者自己始终没有意识到。

这些人之所以能主导整个会议的论点，掌控最终的结论，却不为大多数人所察觉，是因为他们在讨论一开始的时候就将在场的所有人引入了他们的思维框架。人们在某一个特定场合的言语和行动通常都会被限制在一个无形的框架中。这个框架通常不会被明确地说出来，但它总是存在于每个人的脑子里。这个框架包括了讨论的背景条件和潜在的假设，甚至是信念。一个有感召力的人可以在对话、讨论或演讲开始不久就把周围的人引入自己的框架里，这样一来，再用自己的观点和主意来说服他们就容易多了。

很多商家为了吸引消费者购买他们的产品或服务，经常会努力给消费者设定一种思维框架。记得有一次，我陪一位闺蜜去伦敦一家很大的婴儿用品店选购婴儿车。路上我问她打算在婴儿车上花多少钱，她说：“那东西顶多一年就用不着了，没必要买贵的。我觉得二三百镑差不多。”我们聊着走进了店门，一下子就看到商场中间很显眼的位置摆着一辆看起来很漂亮的婴儿车。我们好奇地走过去，首先看到的是价格标签：1999英镑。我俩不约而同地吐了吐舌头：婴儿车也能这么贵！不过那辆车设计得的确不错，看上去有很多功能但一点儿也不显得臃肿，据说材料很结实又很轻。我们看了好一会儿，才回到现实中：这辆太贵了，去看看别的吧！我们来到婴儿车展区，这里足有上百种婴儿车，价格从二百多英镑到一千多英镑不等。看来看去，闺蜜看中了一款800英镑的。

“你不是想买个两三百的吗，怎么升级这么快？”我有点不解。

“和那辆两千镑的比，这辆便宜多啦！”

其实商家知道，几乎没有人会买那辆标价1999英镑的婴儿车。他们把那辆车放在商场最显眼的位置，是为了让顾客们一进入店里就被套上一个思维框架：一辆高级婴儿车可以卖到两千镑！所以当他们看到标价800、1000镑的车，就不会觉得贵了，甚至反而会觉得便宜。于是，很多像我闺蜜那样本来要买最便宜的婴儿车，后来也不知不觉地多花了两三倍的钱。

在很多场合中，我们都会不知不觉地被别人的思维框架套牢。所以，我们应该时刻保持警惕，遇事主动思考，对事物做出判断时尽量用客观的标准，不要轻易被别人的思维框架所束缚。

把别人引入你的思维框架

当你需要表达自己的观点或者争取自己的权益时，必须首先设计好对你有利的思维框架，并把别人引到你的框架里来。

在把他人引入自己框架时，你首先不能被别人的框架所吸引。你要清楚地意识到别人的框架是什么，和自己的有什么不同。通过清楚地了解自己的框架和别人的框架的主要区别，你可以决定哪个框架更好，然后坚守它，不轻易动摇。斯帕斯基在最开始的时候保持了自己冷静、理智的框架，但是很快就被卷入了菲舍尔为他精心设好的框架——这场比赛古怪无常，甚至有一种诡异的神秘气息。这个框架使得斯帕斯基改变了他的行为和他对周围情况的反应，最后导致他精神上的彻底崩溃。斯帕斯基在这个菲舍尔为他设置的框架里失去了理智，开始疯狂地担心对方在控制他的思想，并任由媒体对这个臆想肆意炒作，使得情况更加对他不利。他应该做的其实只是简单地守住自己的框架——相信这只是一场普通的比赛，而菲舍尔的怪异行为也只是为了分散斯帕斯基的注意力而虚张声势而已。

主动把别人引入你的思维框架并不容易，尤其当对方的地位比你高或者比你占据更主动的位置时，你很容易会被对方的思维框架拖走，而失去改变对方思维的机会。这种情况下，最好的方法是在交流的最开始就主动将对方引入自己设定好的思维框架，不给对方先影响你的机会。比如说，你去一家公司参加面试。这家公司和你现在的工作不是同一个行业，但是你已经为这份新的工作做好了充分准备，相信自己一定能胜任。然而你的面试官在看了你的简历之后立刻对你产生一个在他的思维框架里的印象，觉得你没有足够的相关经验，不能胜任这个工作。这个印象在面试官和你交流之前就产生了，所以面试官一开始就会在这个框架里和你谈话。这显然对你是很不利的。要想顺利通过这场面试，你必须在一开始就把对方从他的思维框架里拉出来，并换上你的思维框架。如果你知道在你应聘的公司或者同行业其他公司有和你背景相似、但现在工作做得很出色的人，不妨在面试一开始就提起他们，让面试官意识到，你的背景并不代表你不能胜任这份工作。如果你知道这家公司正在做的项目需要某些你特别擅长的能力，那你不妨在面试开始时找机会提出你对这个项目的看法，并强调自己的能力和经验会对这个项目非常有用。这样，面试官就从他的“你的背景不合适”的框架转换到你的“我们急需这样的人才”的框架，这样一来，整个面试的基调就会对你非常有利。

要想有效地转换别人的思维框架，你需要做好充分的研究和准备，详细了解对方已有的思维框架，找到对你最有利的新的思维框架，并精心策划如何最有效地将对方引入。这通常需要很多次的练习才能真正掌握，所以不妨从现在开始，主动找机会去尝试改变别人的思维框架吧。

抓住一切机会散播你的“磁力”

我们几乎每天都要和其他人有这样那样的交流。在这些交流中，有感召力和说服力的人有明显的优势，经常会占有主导地位。这些人可以向任何与他们交流过的人发散自己的“磁力”，尽管这个过程时常不会被察觉。而这些人通常也更有影响力和说服力。

在前面的章节中我们提到了建立对你有利的环境，选择合适的上司和客户。如果你已经有了一个很好的环境，有优秀的人在你周围，下一步就是要把这些人吸引到你身边，影响他们，使得他们的思维和行动对你有利。

之前提到的朋友汤姆带领着一支50人的团队，他们中的每个人的工作都对公司和汤姆个人的业绩很重要。汤姆积极的态度、充沛的能量、帮助他人的热情使得他成了公司里的一个佼佼者。可是作为一位领导者，只有他的团队成了一个明星团队，他的事业才可以进一步发展，他才可能对公司和客户做更多的贡献。而他的感召力则帮助他做到这一点。团队里的每个人都被他积极和热情的“磁力”吸引了。这不仅仅让汤姆受益，也让他的团队、客户和公司都得到了好处。

每次和别人交流的时候，你应该问自己有没有把对方吸引到自己的情绪和思维框架里来。如果你很开心对方却忧心忡忡，最后是你把快乐传染给对方了呢，还是你被对方的忧虑卷了进去？不要受别人的情绪、思想和言语的影响，而是应该用你自己的磁力去吸引别人。每一次和他人交流，你都应该表现出自己的热情、真诚，用真实而有力的语言说出你的想法。你会发现，如果这样做了，人们会更认真地聆听你的话语，并且不自觉地被你的情绪感染。这样，你就自然地影响了别人，让他们进入了你希望的状态。

我们都希望自己的人格魅力能够被他人欣赏。很多人的做法是给自己精心设计一个面具，希望这个面具能够向他人展示一个完美的自己。但这种做法通常适得其反，因为人们不会被假象和修饰所吸引。最宝贵、最吸引人的人格魅力永远是最真实的、不刻意修饰和掩盖的个性。

如果你也给自己戴上过面具，就赶紧摘掉它吧。你会更喜欢真实的自己，别人也会的。

第四部分

站在大师的肩膀上

一个事业成功的人最重要的能力之一是快速学习的能力。在这个飞速变化的世界里，一些有用的技能很快会变得多余，新的技能会变成必需。如果你可以在一个月内学会别人用一年才能掌握的技能，你就能抓住更多的机会，有更丰富的体验，并做出一番精彩的事业来。而如何快速学习，就是你首先要认真学习的能力。

第 12 章
像专家一样练习

上场前最重要的几分钟

约翰·伍登被尊为美国历史上最优秀的篮球教练之一。他在美国加州大学洛杉矶分校做主教练的 12 年期间，这支篮球队赢得了 10 次 NCAA 冠军，包括一个传奇式的 7 年连胜。这在美国 NCAA 历史上是前无古人后无来者的，就连两连胜的球队和教练都从来没有过。

约翰之所以能成为如此成功的教练，主要原因是他对基础技能毫不动摇的坚定信仰。他相信，如果你想在某一方面非常优秀，就必须 100% 地把最基础的东西搞对。

美国职业篮球名将比尔·沃尔顿回忆了他和约翰的第一次训练。当比尔在训练场上见到他时，约翰说的第一句话是：“来，坐下，我先来教你怎么穿袜子系鞋带。”比尔有点摸不着头脑。篮球打了好几年了，还没听说过一个教练要教穿袜子系鞋带的。但是他还是很听教练的话，坐在场边的长凳上，脱掉了自己的鞋和袜子。

“你知道，篮球是在硬木地板上打的，”约翰开始解释。“当你打球的时候，经常需要改变你的方向和速度。这对你的脚来说是很辛苦的。所以让你的脚舒服是非常重要的。如果你的袜子上有褶皱，很可能会在你的脚上磨出水泡。你可以想象，那样你在场上的发挥一定是会受到影响的。”

比尔突然明白了。可不是么，穿好袜子和鞋是很重要的。如果他脚上起了水泡，不管球技有多高明，肯定是打不好的。

后来的几分钟里，比尔认真地遵守着约翰的每一步指示。他用手指小心翼翼地拂过脚趾的位置，保证没有一丝折痕。之后，他一点点把袜子沿着脚拉起来，保证袜子的任何一点都完美地贴在皮肤上。

“在篮球赛场上，最糟糕但又经常发生的事是你的鞋带开了。你肯定不想要这种情况发生在你身上。所以你要用最好的方法系鞋带，保证他们永远不会散开。”

比尔虔诚地按照约翰教他的方法一步步系着鞋带。这比他平时系鞋带用的时间长了一些，但是从此他的鞋带再也没有在球场上松开过。这是他在上球场之前花掉的最有用的几分钟。

没有哪个运动员希望在打球的过程中脚磨出水泡或者鞋带散开。但是在约翰·伍登之前，没有一位教练让队员专注于穿好鞋、系好鞋带。为什么？因为穿袜子系鞋带这件事看起来、听起来、感觉上都太琐碎太微不足道了。在生活中的很多方面，人们总会专注于很花哨和复杂的技巧，却忘记了那些似乎很琐碎，但却至关重要的基本技能。如果这些基本的东西被忽略了，那所有的事情可能就会毁于一旦。那些非常成功的人，都清楚这些基本东西的重要性，这，也是他们成功的重要原因之一。

抓住核心问题

普瑞米尔酒店是英国最大的连锁酒店品牌。他们的酒店一般都是标准三星，为那些希望住得舒适方便而又没有很宽裕的预算的游客和商务人士设计。几年前，这个连锁酒店的销售额开始下降，部分由于经济萧条，部分归咎于英国酒店行业越来越激烈的竞争。酒店的入住率在下滑，顾客的评价也在降低。管理层意识到，普瑞米尔被夹在了廉价酒店和豪华酒店之间的狭窄缝隙里，在渐渐失去对顾客的吸引力。

普瑞米尔的酒店大多坐落在非常优越的位置：市中心、火车站旁、机场外。如果他们大幅降价，就会严重影响利润。但是要把旗下的700多家酒店升级为豪华酒店，所需要的巨额投资只能让人望而却步。而且，普瑞米尔作为三星酒店的品牌形象已经深入人心了，要改变它可不是容易的事情。

管理层意识到，他们急需一个简单而不需要太多投资的办法来解决销售额下滑等一系列的问题。他们请来了一队战略咨询顾问来帮他们出谋划策。经过几周的思考、研究和讨论，咨询顾问们向普瑞米尔酒店的高管们提出了一个“回归基本需求”的策略。

选择普瑞米尔酒店的人们自然不是来寻求永生难忘的奢侈享受。他们需要的是方便和舒适。酒店的商务顾客通常是在短途的商务旅行中，需要在火车站附近住一晚，以便第二天大清早搭火车去下一个目的地。一些家庭顾客则是要飞出去度假，需要在机场附近住一晚，因为飞机第二天早上很早起飞。这就是三星级酒店的作用。他们不需要晚餐有很丰富的菜单和长长的酒水单；不需要浴室里有 10 种不同的洗漱用品；也不需要房间里有一个酒水丰富的迷你吧。他们需要的，是舒爽的淋浴、安静的房间、舒服的床。

于是咨询顾问们建议普瑞米尔做 4 件事：第一，严格培训清洁员，保证浴室里的所有物件都洁白无瑕、一尘不染，并把淋浴头更换为莲蓬头；第二，给床垫的质量升级，并给顾客提供不同高度和软硬度的枕头供选择；第三，每个房间的窗户保证是双层的，以有效隔离噪音；第四，向顾客提供一个“一夜好睡眠”的保证——如果顾客由于酒店的某种原因晚上没有睡好，可以全额退房款。

就这些了。这就是 80% 的顾客在三星酒店住宿时最在乎的东西。而做好这些并不需要花多少钱。

咨询顾问们还为普瑞米尔酒店节省开支提了一些建议，包括把单瓶的洗漱用品换成固定在墙上的挤压瓶；房间里只放一种茶和咖啡；把餐厅的菜单品种减到最受欢迎的 8 到 10 种菜肴。

酒店的高管们对咨询顾问们提出的极其简单的方案感到有些惊讶。但是这些简单行动的效果让他们更惊讶。一年之后，虽然整个酒店市场仍然低迷，普瑞米尔酒店的销售额却有了两位数增长。在一些黄金地段的酒店里，入住率能达到 95%。

通过把注意力集中在最基本的东西上，普瑞米尔酒店吸引了很多回头客，顾客对酒店的评价节节攀升。在很多其他酒店在房间装饰和洗漱用品上绞尽脑汁的时候，普瑞米尔酒店回到了顾客来酒店的终极目的：洗一个舒服的淋浴，睡一个好觉。

一个业绩下滑的连锁酒店所存在的问题通常会看起来非常复杂。一些顾客会说他们不喜欢房间的装饰，或者服务员态度不好，或者餐厅的菜品种不够，或者地点不够方便，等等。要满足所有顾客的需求是不可能的，而酒店可以尝试改进的方面多得数都数不清，其中很多都需要相当大一笔投资，效果如何也很难预测。如果投入了很多钱，利润就会下降，这样一来又得要降低成本。但是从哪个方面降低成本呢？如果省钱没省到合适的地方上，就有可能使顾客的满意度进一步降低。但是涨价也不是个好选择。竞争对手们已经在降价了，如果我们还涨价，顾客估计就都跑到别的酒店去了。维护和运营酒店的成本很高，如果入住率长期过低，亏损就是在所难免的。那在这么多相互交织的因素面前，酒店是应该提高服务质量呢？还是引进新的团队在社交媒体上做宣传呢？还是降低运营成本呢？还是投资升级餐厅呢？还是推出一系列新的促销活动呢？还是关闭一些长期不盈利的酒店呢？还是优化价格来提高入住率呢？

摆在普瑞米尔酒店高管们面前的选项是无限的。而他们最后选择的解决办法，是过滤掉众多噪音后找出最根本的东西，如果这些东西没有问题了，80% 的其他问题也就自然解决了。他们做的 4 件事虽然简单，却解决了包括利润下降、顾客满意度低、回头客减少、投诉增多、入住率低等等的所有问题。

解决我们所面对的问题的办法常常不需要很巧妙很新颖。在很多情况下，我们只是需要发现那几个最根本、最重要的东西，然后集中全力把这些事情修理好。这个策略也同样适用于个人。在我们复杂的生活和事业中，迷失方向、忘记最基本的东西，是很容易发生的。如果我们时不时地清掉那些杂乱的事物，简单地把注意力集中在问题的关键所在，就能找到那个既简单、又神奇的解决办法。

折磨人的客服电话

在英国的日常生活中，最让我反感但又不得不做的事情之一是给客服中心打电话。不管是银行、宽带供应商、购物网站，我和客服中心的对话很少有愉快的。然而虽然我和很多其他顾客一样对客服不满意，很多电话另一头的客服人员却认为他们提供了最好的服务。一通电话通常是这样进行的：

“你好，这里是ABC公司客户服务中心的珍妮。可以告诉我你的名字吗？”

“你好珍妮，我是敏。”

“你好，敏。感谢你的来电。你今天过得好吗？”

“很好，谢谢。你呢？”

“我也很好，多谢你的关心。为了培训的需要，我们可能会录下今天的对话。你不介意吧？

“没关系。我只是想问一个简单的问题。”

“那是没有任何问题的。但是在我回答你的问题之前，我需要问你几个个人身份问题，以确定是客户本人。”

“……”

电话接通3分钟后，我终于可以问我的问题了。

“我需要过几天取消我现在的合同。请问提前解除合同的费用是多少？”

“感谢你的问题。我需要两分钟的时间来研究一下。可以吗？”

“当然。”

过了5分钟。

“你好，敏。很抱歉让你久等了，非常感谢你的耐心。我刚才看了一下你的合同，不幸的是，由于你还在合同约定的最短期限之内，所以如果你想提前退出合同，则需要交纳一部分提前终止费。”

“这个我知道。我想问要多少钱。”

“我需要两分钟的时间来帮你找到答案。”

“好的。”

又过了 5 分钟。

“你好，敏。很抱歉让你久等了，非常感谢你的耐心。提前终止费的具体数额取决于你取消的时候还有多少合同期没有使用，以及你的合同类型。

“我知道，如果我这月月底取消，要交多少钱呢？”

“这个取决于你的合同。”

“我知道取决于合同，但是对我的合同来说具体是多少钱？”

“不好意思，我没法告诉你具体的数目。这取决于你的合同。”

“我猜你现在可以看到我的合同吧。”

“是的，我能看到你的合同。但是我不知道你需要缴纳多少提前终止费。”

“你能问问你的同事吗？”

“对不起，我现在没有谁可以问的。我可以把我们取消合同服务组的电话号码给你，他们应该可以帮助你。”

于是，在 15 分钟的电话后，我的这个简单问题还是没有得到回答。

这些客服人员通常都很礼貌很客气，而且听上去像是在努力为顾客提供帮助，可这不是最重要的。作为一个顾客，我只希望得到一个简单明确的回答，而我的问题并不复杂。这个问题应该是每个客服人员都知道如何回答的。但是虽然他们很礼貌，却连如何计算顾客的合同提前终止费都不知道。

可能他们在接受培训的时候，培训者告诉他们要礼貌，教给他们怎么和顾客聊几句天儿，好让他们听起来很友好。但是他们忘记了给员工一套完整的针对公司产品和服务的知识，以及对顾客需要的了解。如果他们不能解决顾客的问题，再礼貌也是没用的。顾客打客服电话不是为了和一个人友好地聊天，而是需要在最短的时间内解决他们的问题。

当然，我偶尔也会遇到很好的客服。这样的客服人员很快就明白了我的问题，用最直接的方式解决了它，并且很清楚地告诉我下一步将会发生什么，或者我还有什么需要做的。没有啰嗦的言语，没有浪费时间的聊天。我在挂掉电话的时候，脸上是挂着微笑的。

行动津梁

要想精通任何一种技能，你需要首先聚焦在那些最根本的、对结果有巨大影响的方面。正如那个有名的80/20法则描述的，20%的投入可以产生80%的回报。这关键的20%，我们不妨统称为“基本功”。掌握了这20%，你就抓住了这个技能的精髓，在这个基础上再提高，就会更容易，提升的空间也更大。就像是盖高楼一样，地基打得越稳越扎实，楼才能盖得更高。

但是要找到那20%通常并不容易，而对它运筹帷幄就更不容易了。下面我们根据这些基本功的特点，把它们分成三类，并分别告诉你如何去发现和掌握它们。

让基本功训练更有趣——游戏化

很多基本功是被“圈内”的大多数人所熟知的，而且也被广泛研习。但是这些基本功并没有被大多数人完全掌握，因为练习这些基本功通常都很枯燥，所以很多人都想早点跳到更高级、更有趣的方面去。而在基本功半生不熟的情况下就练习更高级的技能，会很快造成练习者在技能上达到一个“过早停滞期”。这里，练习者还没有能够精通这项技能，就已经达到了自己的“顶峰”，停滞不前了。比如说如果一个学习者确实掌握了基本功，最后就能达到90%的水平。但是如果他没有完全掌握基本功就继续练习更高级的技能而从此忽略了对基本功的加强，那他最后可能只会达到60%的水平，就不能再进步了。即使他掌握了很多这项技能里更高级的技巧，对基本功掌握程度的缺乏还是会拽着他，阻止他进步。

那些在某一项技能上出类拔萃的人往往能克服厌倦和无聊，严格地练习这些基本功，即便他们已经达到了很高的水平，也仍旧坚持不懈地努力提高自己基本功的水平。

因为这些基本功往往是高手们成败的关键因素。

多数人都容易被光鲜有趣的东西所吸引，而忘记最基本的东西。当我们看到一套设计独特的房屋时，常会把注意力都集中在它的外观设计上，而忘记了房屋的最大作用是让我们生活得安全舒适，所以应该先搞清楚房子的地基是不是足够牢固、水电供应是不是可靠等等。当我们挑选一辆新车的时候，常会对车子的内部设计、加速马力、附加功能等很挑剔，却忘记了询问这部车的安全气囊是不是足够在事故中挽救乘客的生命，在紧急刹车的时候，车子能多快停下来等等最重要、最基本的方面。

我9岁的时候开始学习长笛。经过几周的练习，我学会了吹C大调的每一个音符。那之前我已经花了很多个小时练习吹奏每一个音，早都厌倦了。于是我开始试着练习一些简单的歌曲，觉得甚是有趣。学长笛两个多月后，我就已经可以演奏一首简单的乐曲了。家人和朋友都觉得我学得很快，我自己也很高兴。但是我的长笛老师强烈要求我多花时间练习"基本功"，尽量把每个音都吹得圆润平稳，还要把音阶和弦吹得均匀准确。同是我还需要练"气息"，每个音要能一口气吹得越长越好，同时保持音色的稳定。我完全理解这些基本功的重要性，但是练习这些东西真的是太枯燥了。虽然我还是每天坚持练习长音、音阶和和弦，但是十几分钟后就会等不及要换成更有意思的乐曲。

两年之后，我进步很快，已经可以演奏相当复杂的古典乐曲了。但是没多久我就碰到了障碍：我有时在演奏长乐句时气息不够，句子没结束就没气了，最后导致我乐句的尾声经常走音或者干脆没音了。而且我演奏的乐曲声音有点干涩，远没有老师吹出来的圆润好听。开始我还硬撑着，后来就不得不停下所有的乐曲练习，全身心投入到"基本功"训练中：每天一小时长音、音阶和和弦。我就这样练了两个月，才又重新加进乐曲的练习。这个过程说实话有些痛苦，但是我要是不这样练，就不可能演奏更高级的乐曲。而且这也是我自找的：要是我当初花更多的时间去练习这些基本功，现在就不至于花两倍的时间来弥补了。真是很大的教训啊。

这些明显但枯燥的基本功就像水一样——我们都知道它很重要，但是因为它是无味的，我们就会忘记喝或不愿喝。但是，如果不摄入足够的水分，我们的健康和活力就会严重受损。然而好消息是，有很多不同的方式可以让水更好喝一些，比如在水中加几滴蜂蜜或者浓缩果汁再喝，或是把水烧开，泡上一杯清香的绿茶。这样喝水就变成了一种享受，让你在惬意中自觉地摄入足够的水分。同样的道理，在练习枯燥的基本功时，你也可以试着加入一些有趣的元素，让它变成一个游戏。当我练习长笛气息的时候，每天都给自己一个新的挑战——一口气吹得比昨天更长一点。比如昨天我的C可以吹到18秒，今天我就力争吹到19秒。如果达到目标了，我就会给自己一点儿小奖励，比如一块巧克力。这个小小的游戏化的元素让我的练习一下子变得有趣多了。

很多基本功的练习之所以枯燥，是因为需要多次的重复。但是深受大家喜爱的休闲娱乐活动，比如打羽毛球、打牌、玩电子游戏等等，其实也是重复性很强的。那为什么我们对这些不断重复的娱乐活动总是乐此不疲呢？是因为这些活动有两个关键的元素——竞争和不确定性。我们和朋友打羽毛球的时候，总是希望自己能赢球，所以和对方有一个竞争关系。同时，由于对方和自己水平相当，每个球不到最后不知道谁会赢，这种不确定性让我们很兴奋，于是就会乐此不疲地继续下去。不难想象，如果和你打球的人比你水平高得多，你总是毫无悬念地输球，那你很快就不愿意再打了。反之，如果对方根本不是你的对手，你很快就会觉得无聊，很难有兴趣继续下去了。

电子游戏中加入的能让玩家“废寝忘食”的元素就更多了。除了不断出现的竞争性环节和每一关的不确定性之外，很多游戏还会不停地给你各种各样的奖励，比如经验值，更厉害的武器，更高的等级，等等。这些奖励激起了玩家的欲望，每得到一个新的奖励，玩家就渴望下一个，这样无休止地延续下去，使得很多游戏迷们彻夜不眠也就不足为奇了。

我们可以把这些游戏中让人着迷的一些元素加进原本

枯燥的基本功练习中，使其“游戏化”，这样就能让我们更情愿地去练习。

当然，趣味的游戏化元素还应适可而止，加入过多可能会分散你的注意力，让你不能集中精力去真正提高基本功水平。正如你在水里加太多蜂蜜之后，水就会太甜，不再解渴了；而如果你加入了白糖，喝多了反而会危害你的健康。所以在不改变练习的本质属性的情况下加入一点点游戏元素，足够让你保持坚持下去的兴趣，就是最好的了。

被遗忘的基本功——勤思考

第二种基本功，是很多大师的秘诀。这种基本功被大多数人遗忘了，因此记住和掌握它们的人就会成为佼佼者。这些基本功经常藏在光鲜的事物背后，藏得如此隐秘，以至于大多数人都不会发觉它的存在，即使是那些水平已经很高的人。篮球运动员穿袜子和系鞋带的技巧就是被遗忘的基本功。这些琐碎的动作看起来和运动员在赛场上的表现没有什么直接关系，而且已经成了每个人每天像刷牙一样不需要经过大脑思考而自动进行的惯例，因此没有人意识到它的重要性，即使大家都知道，如果赛场上脚磨出了水泡，就可能是一个灾难性事件。

当你学习一项很重要的技能时，不妨试着去寻找和发现那些被遗忘的基本功。一个有效的方法是仔细思考每一个有可能会对最后的成功有毁灭性影响的因素。多数时候人们倾向于关注那些有正面作用的事物，却容易忽略了一些可能有破坏性作用的事物。而那些可以避免负面结果的技能和知识，经常就是被遗忘的基本功。比如，想一想健康对一个人的成功和幸福的重要性吧。当你还年轻和健康的时候，你很容易忘记健康的身体有多重要，于是经常做一些有损健康的事，比如酗酒、熬夜、过度饮食等等，也不觉得有什么大不了的。但是如果你在年轻的时候不照顾好自己的身体，后果就会在你人生的后半段逐渐显现出来，而那时候，再纠正可能就有点儿晚了。

被遗忘的基本功有时会在问题发生后才被想起来。在2001年美国互联网泡沫破灭之前，很多人，包括那些非常有威望的专家们，都在兴奋地讨论着这个所谓的“新经济”。不知怎么的，人们忘记了经济和市场最基本的准则，忘记了利润和流动资金对企业的重要性，忘记了一个经济体是如何创造价值的。这种对根本规律的遗忘和忽视，导致了一场经济灾难。但是那些基本功扎实、对根本原则念念不忘的企业和个人，却在充分利用市场中的过度自信给他们带来的好处的同时，躲过了一场劫难，在市场恢复理性后茁壮成长。一些当今最成功的互联网公司，正是在互联网泡沫带来的金融危机之中诞生的。

很多人在事业发展到一定阶段就停滞不前，主要原因是忽略了一些被遗忘的基本功。我的一个朋友林安（化名）在一家公司做项目顾问，她十分聪明能干，工作效率极高，做事雷厉风行。工作两年后，公司准备提拔几个项目主管，她信心满满，觉得自己肯定能升职，毕竟她的业绩是全部门数一数二的。然而提拔名单出来，她的名字却不在里面，而两个比自己业绩差的同事却被提拔。后来和部门经理聊天，她才知道，原因是自己只顾一个人拼命工作，却忽略了帮助和培养比自己经验少的同事。在同事对她的反馈中，领导们对她的评价普遍很高，然而和她共事的平级和下级同事却对她没有什么深刻的印象。林安这才意识到自己忽略了作为项目主管一个很重要的基本功——管理团队和培养下级的能力。她之前认为只要自己工作努力，业绩突出，就一定能够升职，却没有仔细思考，升职后更重要的任务是领导和扶持一个团队，而不只是自己一个人创造业绩。

能在今天的世界里拥有一个成功、快乐的事业和人生，一个很重要的秘诀就是你快速学习新的知识和技能、随时接受新的挑战和责任的能力。如果你勤思考，多观察，善于发现和掌握一项新技能中被遗忘的基本功，你就可能在众人之前快速地达到很高的水平。

未知的基本功——尝试

未知的基本功如果被发现，就可能永远改变人们做某一件事情的方式。当宋朝的将士们开始使用火药来抵抗蒙古人侵略的时候，他们书写了世界战争史上一个新的篇章。当牛顿写出力学三大定律的时候，他向人们展示了物理学中不为人所知的基本规律。当迪克·福斯布里（Dick Fosbury）发明了背越式跳高技术的时候，他将世界跳高运动带向了一个新的高度。当丰田公司把精益化生产大规模应用在汽车制造过程中时，他们完全改变了全球工厂运作的方式。

在今天的世界里，变革的节奏越来越快，技术的生命周期越来越短。这就需要我们不断地发现和尝试新的方式、新的技术、新的领域，才能让我们不停下前进的步伐。未知的基本功并不只是留给天才的先驱者或发明家去揭示的。今天，创新变得越来越重要，而突破性的创新中很重要的一方面，通常是揭示未知的基本功。要想有发现这些金矿的慧眼，你必须要保持开放的思想，随时愿意打破传统和惯例，尝试用新的方式来做事情。

第 13 章 窃取大师的秘诀

抄来的奇迹

20 世纪 70 年代早期，位于美国加州的太平洋西南航空公司（PSA）在当时创造了一个美国民用航空业前所未有的成功案例。这家公司的使命是成为低票价、无不必要服务、准时、快乐的航空公司。公司开办以来，始终一丝不苟的遵循着这个使命。从买票到登机的过程非常简单：你只需要交钱拿到一张收据，就能拿着它直接登机了。没有提前安排的座位，没有不同等级的舱位，每个步骤都非常迅速而准时。每架飞机在航班之间用来清扫和准备的时间很短，所以他们可以最大限度地利用飞机，使得票价比其他航空公司低得多。同时，公司的工作人员很擅长和乘客们开善意的玩笑，还时不时地给乘客带来甜蜜的惊喜。顾客们都很喜欢乘坐他们的航班，而且虽然票价很便宜，公司的盈利一直很好，增长飞快。

1971 年，几个年轻的创业者决定在美国德克萨斯州建立一家航空公司。他们的策略很简单：完全仿效 PSA 的商业模型和经营方式。这几个年轻人对他们的抄袭动机毫不遮掩，公开宣称他们将建立德克萨斯的 PSA，并给这个新的航空公司取名为西南航空公司(Southwest Airlines)。那个时候，美国的民用航空业是受到严格监管的，航空公司只能在本州内经营。因此 PSA 并没有觉得这几个德克萨斯的创业者会给他们带来什么威胁。他们还慷慨地接待了这几个年轻人对 PSA 的好几次访问，让他们参加了公司的内部培训。这几个创业者还乘坐了很多次 PSA 的航班，观察和记录飞机上所有的操作和运营细节。他们回到德克萨斯之后，把所有的笔记和培训资料精心地整理和学习了一番，撰写了他们自己的经营计划，每一个细节都和 PSA 一样，甚至包括机组人员和乘客们开的玩笑。

很快，西南航空公司就尝到了第一个果实。在他们开始运营的第二年，公司就盈利了——这在航空公司中是不多见的。从那时起之后的四十年，他们年年保持盈利，成为美国民用航空史上最成功的航空公司，甚至打败了他们的“老师”——PSA 后来因为一系列的错误策略没能够保持他们的成功，被迫卖给了另一家公司。

西南航空的巨大成功不是靠突破性的创新，而是靠做一个“山寨版”的 PSA，将他们的成功经验从里到外完全复制过来。这使得西南航空的创始人们的工作变得简单：所有他们需要做的事都已经被成功地做过了，所以他们不需要任何的试验和探索，也避免了很多可能的错误。这正是他们很早就能盈利的主要原因之一。

类似的成功案例并不鲜见。现在很多非常成功的企业都曾经是比他们成功早的企业的“山寨版”。全球智能手机巨头之一的三星就曾经在智能手机设计上一丝不苟地跟着苹果的步伐，而这个策略使他们如此成功，一度成为全球手机销量冠军。欧洲一家名为“火箭互联网”（Rocket Internet）的公司，专门把美国互联网公司的成功案例照搬到欧洲，如今已经成立了很多家非常成功的公司。这个简单的策略使得火箭互联网能够以闪电般的速度创建新的公司，然后在需求高而竞争还相对低的市场上迅速扩张。

模仿成功的先例使这些公司拥有很大的优势。首先，仿效一个已经成功的商业模式大大降低了风险。所有的策略和运营方法都已经在现实中打磨测试过了，并且已经取得了很好的效果，所以照搬这些成功经验使得初创公司所承担的风险最小化，而成功的可能性则最大化了。其次，仿效别人的成功为创业者节省了很多寻找合适的策略和计划的时间。他们不需要绞尽脑汁苦思冥想，而只需要学习那些成功的公司已经做了什么，然后照做就好了。这样他们还可以避免犯代价巨大的错误或者走弯路。再次，模仿使得他们的新公司能够快速成长。如果创业者已经知道了要成功需要经过的步骤，他们就不必为下一步是什么而烦恼，而是把精力集中在前进的速度上。他们不需要调查研究顾客的需求，不需要调整产品设计，也不需要寻找和试验最佳的市场策略，只需要一门心思地运作公司，帮助它快速成长。

自尊反被自尊误

很多人，尤其是那些已经比较成功的人，不喜欢“模仿”这个概念，因为他们不愿意承认别人的策略或思路比自己的更好，或者不情愿抛弃自己的策略和计划而去接受别人的东西。但是这样的有些自负的想法常常是代价甚大的。英国亿万富翁费利克斯・丹尼斯在他的书《如何致富》(How to Get Rich）中提到了他由于不愿意仿效竞争对手已经很成功的模式而得到的惨痛教训。那时候丹尼斯的出版公司在个人电脑领域做得很成功，有好几本畅销杂志。这个领域在当时刚起步不久，个人电脑拥有者还不多，算是一种新奇事物。随着电脑游戏的逐渐流行，丹尼斯开始发行游戏杂志，而且也挺成功。不久，一个叫做未来出版的新公司进入了市场。公司的创始人有两个很棒的点子：一个是给主流的游戏制作公司，比如索尼，付一大笔授权费，让他有权独家制作和销售该游戏厂商的“官方”游戏杂志，比如说“索尼 PlayStation 杂志”。另一个是在每本杂志外套一层塑料袋，里面放一个免费游戏。

未来出版公司每期都有免费游戏的官方杂志很快就受到了游戏爱好者们的追捧。虽然这些杂志的价格要高一些，人们还是很愿意购买，因为这些杂志是“官方的”，而且免费的新游戏也着实吸引人。很明显，这家新竞争对手的商业模型比丹尼斯的更优越。但是丹尼斯还是觉得付给游戏公司一大笔授权费投资太高，而且也不情愿承认自己经营的游戏杂志不如未来出版公司的新模式。但是后来他后悔了。他的公司花掉了很多的钱和精力去和未来出版的杂志竞争，但终究没有成功。他过强的自尊心使他损失了上百万英镑，而如果他当初复制了未来出版的成功，他的自尊心反而会得到更大的满足。

很多有抱负有志向的人认为要得到巨大的成功，就必须创新。但是世界上已经有很多能干的人想出了并实现了各种各样聪明的想法。如果你选择其中一个适合你的，成功地复制了，你也许就能得到你想要的成就。这个仿效他人成功的策略已经在商业和个人领域被成功地运用了无数回。但是一些人还是对这个简单但效果极佳的方法不屑一顾，甚至鄙夷。实际上，那些有创造力和前瞻性的人士的灵感也不是凭空而来的。他们同样从很多其他优秀的人身上不断地借鉴和学习。创新的想法通常是从各种渠道、不同方面借来的思想的一种独到和有效的组合。世界上没有绝对的创新——最有创新能力的天才们，往往是那些最懂得借鉴和吸纳他人思想的人。

行动津梁

学习新技能，从模仿开始

模仿不仅仅是商业中的一条捷径，在个人的事业上也能发挥同样的魔力。不管你想追求什么样的事业或者学习什么样的能力，仿效总是一个很有效的工具。尤其是在今天，很多信息可以在弹指间获取，交流沟通没有了时间和地域的限制，要找到一个合适的模仿对象变得容易很多了。

不管你在生活和事业上想成就什么，很可能已经有人取得了类似的成就。先从这些人身上学习经验，而不是从头到尾自己一步步地摸索，可以节省很多时间，也能少走弯路。毕竟他们已经经历了整个过程，并且最后成功了，所以一定有很多事情做对了，也一定犯了一些错误。从别人的错误中学习比自己犯错误吃教训要好得多，因为这些错误经常是代价甚高的。如果你学习了他们正确的方法和策略，并学会如何避免错误，你就能更快更有效地达到自己的目标。

我在剑桥读书时的一个朋友戴维就是模仿的忠实“粉丝”。我刚认识他的时候，他刚刚开始做自己的博士研究课题。他的项目需要做一系列很复杂的实验，而他所在的实验室还没有人做过类似的。但是戴维似乎并不着急，在项目开始不久，突然从实验室消失了好几周。大家都觉得很奇怪：别人都忙着开始实验了，他难道是去度假了么？

等他回来大家一问，才知道他去另一个研究所里已经做过类似实验很多年的实验室进行了几周的观察，带回来满满一本子笔记。戴维说，这几周他什么也没做，就是跟在一个经验很丰富的博士后身后，观察他的每一个动作，记下所有细节，有不明白的随时问，直到整个实验过程的每一步细节都搞明白了，他才回来。回到自己实验室之后，戴维细心总结了每一步实验的注意事项、背后的逻辑、成败的关键因素等等，然后才开始自己的实验。除了个别改动，他基本上照搬了那位博士后的实验思路和方法，以及很多小技巧。这些最后证明相当有用：他的实验进展很顺利，中间几乎没有大的失误。一年后，戴维的进度已经比比他开始早的同学快了将近一倍。

除了科研，戴维学习其他技能的方法也基本都是模仿。一次我们去一个party，他被一个跳舞跳得很好的同学的舞步吸引住了。他站在那里观察了好一阵子，然后也加入了跳舞的人群。他跳的时候一直在看着那个跳得很好的同学，很明显是在模仿他的动作。刚开始的时候，戴维跳舞的动作很小，看起来只是在随意晃动。但其实，他是在琢磨着那位同学动作的每一个细节。过了几分钟，他似乎是抓住了精髓，信心大增，跳舞的动作开始大起来。不一会儿，他就已经完全沉浸其中，随着音乐轻松地跳着，看起来很娴熟的样子，只有我们几个和他很熟的朋友明白，他只不过是刚刚从一个舞者那里现学现卖而已。

模仿优秀的人可以让你变得优秀。当你觉得自己某方面需要学习或改进的时候，不要犹豫，先去找个模仿的对象吧。

聪明地窃取，而不是盲目照搬

但是最好的模仿往往并不是简单地把每一个动作、每一个步骤完全照搬。乔布斯在1994年苹果公司推出“Apple Mackintosh”时引用著名画家毕加索的话说：“好的艺术家复制；伟大的艺术家窃取。”从历史上的伟大艺术家如何创造出不朽的作品来看，这里的“窃取”意思是从其他伟大艺术作品中找到并深入理解使这些艺术家成为大师的关键因素和秘诀，然后把这些秘诀变成自己的。这就是我们所说的模仿的精髓所在。

在你模仿之前，首先要仔细在表面的辉煌背后观察大师究竟是如何成功的。人们通常只是向公众展示它们成功里的一小部分，而这通常是最后辉煌的成果和一些过程中激动人心的插曲。但是如果你想从大师那里窃取真正的精华，就需要同时看到那些枯燥的甚至丑陋的方面。在观察的过程中，一定要小心，不要被一些肤浅的、一知半解的评论和观察所误导。举一个简单的例子。媒体常常强调很多全世界最富有的人都曾在大学期间退学开公司，于是成了亿万富翁。这些报道给不知情的人一个印象：如果你想成为亿万富翁，最好还是别读完大学赶紧出来创业吧。

这个印象是完全曲解的。因为媒体并没有提到很多其他没有退学的亿万富翁，更没有提到其他千千万万从大学退学后没有成功甚至为生计挣扎的人。如果你做一个随机的调查，得到的结论很可能是读完大学的人比中途退学的人成功几率更大。

如果你想模仿一个和你没有个人关系的人，揭开他们成功秘诀的方式是观察他们一直坚持做的事情和习惯，而不是只发生过一两次的轶事，并且搞清楚为什么这个习惯可以帮助他成功。比如说，比尔·盖茨有两个习惯。一个是他读很多书。虽然他每天的工作很繁忙，但他很多年来一直都坚持平均每周读完一本书。你就要问自己了：他为什么这么忙还是坚持读书？读书对他的事业有什么帮助？你要是研究研究盖茨都读些什么书，再自己想想，就不难搞清楚读书是如何帮助盖茨实现他的目标的。好的书籍帮助他学习和借鉴历史和现今的各种思想，帮助他思考和预见将来可能面对的机遇和挑战。其实，很多其他成功人士都有规律读书的好习惯。所以读书很有可能是盖茨成功的秘诀之一。他的另一个习惯，是经常思考并写下微软所面临的所有“威胁”，还把其中一些和公司的其他高管分享。盖茨是一个不喜欢冒险的人，和很多希望成为成功企业家的乐观主义者们形成鲜明对比。你可能会问自己：为什么他总是担心风险和威胁？他的担忧并不代表他从来都不要冒险，也不说明他对未来将要发生什么很害怕。他能够预见将来可能出现的各种风险和威胁，并确保自己的公司提早做好应对的准备。他的这种“担忧”使他成为一个有远见的人，总是在其他人之前对未来可能带来的挑战做好充分的准备。

在发掘大师们成功秘诀的同时，你也要搞清楚自己究竟想要什么样的人生和事业，什么样的策略和方法最适合自己。原封不动地复制他人的行动而没有衡量你自身的情况是极不明智的。你应该把学到的别人的秘诀和自己做事的方式结合起来，找到最佳的平衡点。在别人身上有用的方式在你身上不一定有用，甚至有可能有负面作用。比如说，很多成功人士用来睡眠的时间很少。据说不久前刚当选美国总统的亿万富翁唐纳德·特朗普（Donald Trump）每天只睡3个小时。他曾说过：“我不明白那些需要很多睡眠的人怎么可能竞争得过睡眠时间短的人！”英国前首相撒切尔夫人据说执政的时候每天只睡4个小时。她经常让自己身边的官员们工作到凌晨，然后在他们回去睡觉前提醒他们早上5点要起来听“今日农场”的广播。这是不是说，你如果也想做一个非常成功的人，就得每天只睡3～4个小时？这大概对很多人来说都不是个好主意。如果你是那种只有每天睡够7小时才能正常运转的人，你就应该严格地守护你的睡眠时间。著名女企业家、媒体人阿里安娜·赫芬顿（Arianna Huffington）,美国颇受欢迎的新闻博客网站赫芬顿邮报（Huffington Post）的创始人，就是一个睡眠的倡导者。她相信，任何一个人要想在事业和生活两方面得到成功，就必须保证充足的睡眠。她的一句著名的略带调侃的话是："现在是你一路睡到成功的时候，真的。"一个人到底应该睡几小时并没有一个笼统的定论，所以你需要根据自己的情况找到对你来说最佳的睡眠时间，而不是简单地模仿他人。

有些时候，我们很难分辨出到底是什么对一个人的成功起了关键性的作用。所以，最好的办法是多试试不同的方式，保持思想的开放与好奇，你总会发现能让你出类拔萃的方法。

从身边的人开始模仿

很多人希望自己能够向全世界最棒的人学习，于是他们选择了一个和自己隔着十万八千里的名人来作为模仿对象。但是学习和模仿的最佳对象，其实是你能够直接接触到的人——家人、朋友、同事、上司，等等。这些人在你身边，意味着你可以更仔细地观察他们的行为和思想，而不是根据一些片面的或经过修饰的新闻和书籍来想象一个名人是如何一步步取得成功的。如果你能直接观察到你想要仿效的人的行为，你就可以更有效地去模仿，甚至可以得到他们及时的反馈和指导。

模仿身边的榜样还有更深远的原因。我们人类总是不可避免地、潜意识地模仿和自己经常在一起的人。所以，即使你没有刻意地想要学一种能力，你还是会渐渐地和与你经常在一起的人越来越相似。这就是为什么让自己被比你更强的人围绕着，对你的成功有很大的积极作用。

一旦你已经把身边人的能力都学到手了，你就应该去主动认识新的、更优秀的人，使你能够从他们身上学到更多的东西。你应该不断地寻找更优秀更成功的人来加入你的社交圈，这样，你的学习和进步就永远不会停止。

第 14 章
改进不够，就重新发明

创造历史的奇怪一跳

迪克·福斯布里（Dick Fosbury）是一名美国俄勒冈州的高中生。他喜欢跳高，但又对这项运动感到沮丧。他觉得自己并不擅长教练教给他的标准跳高技术，没法和别人竞争。他甚至连校运动会 1.5 米的选拔标准都没有达到。

那是 20 世纪 60 年代，当时流行的跳高技术，也是迪克一直在练习的技术，是俯卧式跳高。这是一套相当复杂的动作，迪克觉得协调俯卧式跳高包含的一系列动作很困难。他认为如果自己坚持练习这个技术，肯定无法和其他优秀的高中运动员较量。

但是迪克并不想就此放弃他对田径的热爱。他决定试验其他的跳高方式。虽然俯卧式跳高的技术动作很复杂，跳高运动本身的规则却很简单：只要运动员跳起时一只脚先离地，整个身体越过横杆，就是成功的。至于运动员怎么越过横杆，则没有任何固定的规矩。这给了迪克很大的空间来发明新的跳高技术。

他试验的第一个技术是直立跨越式技术。虽然开始的时候有点别扭，但逐渐地迪克把这个技术按照自己的喜好改进了一些，能跳到比他用俯卧式更高的高度。但是他仍然觉得很难协调这个技术中的一系列动作，有时候会让他看起来像是在挣扎。于是他继续试验其他的方法。

到了高中最后一年，迪克完全改变了自己的跳高技术：他背朝前起跳，头先越过横杆，接着身体在杆子上方弯曲越过的同时努力把腿向上踢，直到整个身体越过杆子，然后背部朝下落地。

他的教练们觉得这种跳法太离奇，而且缺乏美感。他们鼓励迪克继续练习传统的俯卧式。可是几个月之后，教练们不得不承认迪克用新技术取得的跳高成绩很不错。他继续不断地改进这个新技术，很快，就破了学校的记录，跳了 1.91 米的新高度。

迪克很快就得到了媒体的关注。1964 年，当地一家很流行的报纸刊登了一篇文章，调侃迪克的跳高方式像是“在甲板上打挺的鱼”，并附了一张题为“福斯布里挺过横杆”的照片。另一家报纸则把迪克评论为“世界上最懒的跳高者”。他的新跳高技术也冠上了他的名字，被叫做“福斯布里跳”。

媒体的嘲笑不是迪克面临的唯一挫折。在大学里，他的教练相信他还是应该继续练习俯卧式技术，即使迪克用他的新技术取得了惊人的好成绩。迪克并没有因为媒体的嘲讽和教练的不支持而受挫，他仍旧继续练习和改进他的新技术。为了让教练满意，他两种技术同时练习，直到他以 2.08 米的新高度打破了大学的记录。教练终于对“福斯布里跳”信服了，开始仔细观察迪克的动作，并录像、研究甚至教授其他年轻运动员这种新的跳高技术。

迪克并没有停止。他在自己的整个运动生涯中一直不断地改进这项技术。今天，绝大多数跳高运动员都在使用迪克的背跃式方法“福斯布里跳”。

俯卧式技术在“福斯布里跳”流行之前是主流的跳高技术。当时绝大多数跳高运动员，包括奥运会参赛者，都使用这种技术。但是这个技术并不是最好的。“福斯布里跳”从根本上好于俯卧式技术。但是为什么经过这么多年和如此多的阻力，福斯布里跳才得以被广泛接受呢?

一个原因，是迪克花了很多年时间才掌握了这项新技术的关键，并向大家证明了它的优越性。在迪克开始用这项技术的时候，结果并没有给人很深的印象。他并没有能够用这项技术打破世界跳高纪录。直到很多年之后，他才通过无数次的尝试和改进，把这项技术的精华完全掌握并展示在世人面前。

当时的世界级跳高运动员都已经精通了传统的俯卧式技术。要想赢得金牌，他们不知疲倦地训练，结果也只是把成绩提高零点几厘米而已。但是迪克并不满足于在传统技术的基础上一点点改进，而是发明了从根本上比传统技术更优越的全新技术。他意识到自己在传统技术上没有什么优势，于是不顾来自他人的嘲笑和阻力，摸索出了最适合自己的方法。有了“福斯布里跳”，运动员们将人类跳高搬上了一个全新的高度，而不仅仅是渐进的提高。

新旧间的较量

1862 年，美国内战正在合众国和联盟国之间激烈地进行着。北方的合众国在汉普顿港群设下严密的封锁，建立起强大的堡垒，并部署了 5 艘战船在周围待命。这断掉了南方的联盟国进行国际交易的海上通道，而这条通道是联盟国的生命线。于是联盟国派出了一艘新造的战船“弗吉尼亚”来打开北方的封锁。

当弗吉尼亚来到封锁线附近时，合众国的 5 艘战船正严阵以待。但弗吉尼亚对它们视而不见，继续向前航行。合众国的其中 3 艘战船开始掉头试图逃窜，但是很快就搁浅了。其他 2 艘向弗吉尼亚发射了炮弹，随即惊恐地看到炮弹从船身上直接弹了回来，掉进了海里，而弗吉尼亚却毫发无损。在那个时代，战船都是木质的。但弗吉尼亚很特殊——它浑身上下贴着一层 10 厘米厚的铁甲。

弗吉尼亚不仅攻无不克，而且似乎战无不胜。它猛地撞向合众国的一艘木船，几分钟后，这艘船就沉入海中了。它随即转向另一艘正在发射炮弹的木船。这艘战船意识到如果被弗吉尼亚撞上则凶多吉少，于是试图逃向浅水地带，这样就不至于沉船。然而弗吉尼亚仍然步步紧逼，航行到了堡垒的附近。堡垒里的炮兵立即对弗吉尼亚展开了炮轰，但是全部炮弹都从弗吉尼亚的铁皮舰身上弹到了海里。合众国军队面对这个巨大的铁皮猛兽束手无策，陷入绝望。弗吉尼亚乘胜还击，向合众国的木质战舰发射了一枚火红的炮弹，整个船体顿时变成了火球。

弗吉尼亚想乘胜追击，再摧毁另外 3 艘困在浅滩上的战船，但是潮水正在退去，为了不搁浅，弗吉尼亚不得不退回去，准备第二天一早再战。

第二天早晨，当弗吉尼亚回到封锁线时，看到的景象令所有船上的将士大吃一惊。横在他们眼前的，是一艘样子很奇怪的战舰，被他们描述为“筏子上的奶酪”。他们很快就意识到弗吉尼亚将面临的严峻挑战。这艘奇怪的战舰是“摩尼特”，合众国的全金属战舰。这是有史以来第一次两艘金属战舰相互对峙。他们向对方发射炮弹，但是谁也没有对谁造成什么伤害。弗吉尼亚试图猛撞摩尼特，但是它还不够灵巧。其他的木质战船只能在一旁静静地观战，因为在金属战舰面前，它们一点用都没有。

这次战役完全改写了世界海战的规则，标志着木质战船正式退出了历史舞台。从此以后，所有的新战船都是金属的了。

合众国很幸运，因为他们在这场战役之前研发和建造了摩尼特。可以想象，如果他们只是不断地改进木质战船，即使这些战船再好，也不可能是弗吉尼亚这个“铁娘子”的对手。

在之后的几十年里，西方各个国家开始相继建造越来越强大的金属战舰。然而在20世纪20年代，航母的出现使所有其他曾经强大无敌的战舰黯然失色，从此翻开了海战历史的又一个新篇章。

奥克兰运动家翻身记

新千年伊始，美国职业棒球大联盟中奥克兰运动家球队的总经理比利·比恩（Billy Beane）做出了一个重要和大胆的决定。他相信，是时候对球队选手的选拔方式进行一次大改革了。

那时候，那些有雄厚资金来支付巨额薪水的球队可以吸引到最好的棒球队员，因此就更有可能赢得比赛。但这就造成了有钱球队的良性循环，没钱球队的恶性循环。像纽约扬基队这样有很大市场的球队可以每年花一亿美元在薪水上，集结到最好的球员，赚更多的钱，然后再用这些钱来招最好的球员。但是对于像奥克兰运动家这样的穷队而言，这无疑是一条无止境的下坡路。

但是比利还是对自己的球队满怀希望。他相信传统的评估和选拔球员的方式是完全过时了的。当时经理和教练们使用的统计数据和方法是根据 19 世纪人们对棒球的理解设计的，不但有限，而且很主观。他认为应该把这个普遍的不足转化成自己的优势，开发出一种更科学、更有效的方法来发掘那些被市场低估了的球员，让他们加入自己的球队。

比利聘请了优秀的分析员来构建复杂的统计计算模型，用来分析职业棒球运动员在过去比赛中的表现。通过这些分析，他发现了几个可以用来识别优秀运动员的重要度量标准，而这些在当时流行的评估方法里是没有被使用的。比利于是用这些标准来寻找那些他认为很有实力但却被市场低估的运动员。

比利大胆的尝试得到的结果令所有人吃了一惊。

2002 年，奥克兰运动家棒球队在常规赛季中赢了 103 场球，和薪水比他们多三倍的纽约扬基队持平。

比利发明的新方法的成功启发了其他的球队。后来的几年里，越来越多的球队开始使用比利的统计模型——赛博计量学。在今天的美国棒球界,这个方法已经成为了新的规范。

在很多高水平的竞争中，经常出现所有人都拼尽全力追逐一点点的优势来试图超过其他人的现象。在比利的新方法为奥克兰运动家创造奇迹之前，每个职业棒球队都使用同样的评估和选择队员的方法，争抢同样的几个热门运动员，而唯一抢到这些运动员的办法就是给他们更高的薪水。在这种情况下，和其他所有人一起加入这个争抢游戏中是不明智的。相反的，你应该去寻找别人都忽略了的或没有意识到的重要因素。这样，你就可以将游戏的规则重新定义，使其对你有优势，从而领先于所有的竞争对手。

渔网总比鱼线强

简单地努力拼搏去争取小小的进步通常很难使一个组织或个人在激烈的竞争中脱颖而出。他们会在某一时刻碰到顶，弄得自己身心俱疲，沮丧懊恼，却无法再进步。那些最终取得巨大成就的人们，通常并不被别人设好的“屋顶”所局限。他们会寻找一个新方法使自己能够跳出局限，实现质的飞跃，而不只是前进一小步而已。

我曾经听过这样一个故事。故事讲的是一个小渔村里的两位普通渔民史蒂夫和菲利克斯。他们一直都是以钓鱼为生，而且对钓鱼这项技术非常在行。他们知道什么样的鱼线、鱼钩和诱饵适合什么品种的鱼和什么样的垂钓环境，他们也知道在什么时候、什么地点能够钓到他们想要的鱼。每天清晨，两个人就会乘着各自的小渔船出海，午饭时间刚过，他们就会载着各自收获的二十多条鱼回来。这些鱼的一部分会作为家里的午餐和晚餐，另一部分他们则拿到市场上卖掉。

用他们钓到的鱼来维持生计并不容易。史蒂夫和菲利克斯的全家都靠着他们每天出海钓鱼才有饭吃。如果两人中的谁病了，或者是海上起了风暴不适合钓鱼了，他的全家就只能靠吃剩下的食物充饥，有时甚至会挨饿。幸运的是，两个人身体都很健康，而且是生死与共的好朋友。如果一个人的家里需要帮助，另一个就会全力以赴。

两个男人都希望能给自己的家人更好的生活，于是他们不断地积累经验、改进钓鱼技术。但是最近一段时间，他们发现自己的技术似乎已经到顶了。他们在一天内最多只能钓到30条鱼，不管他们有多努力，这个数字都没有再增加。

有一天，菲利克斯决定要改变这一切。他想要去城里学习拉网捕鱼的技术。他希望能向海里撒下一张大网，一次就能捕到很多的鱼，而不是用鱼竿和鱼线来一条一条地钓。但是史蒂夫不想去："我已经钓了20年的鱼了，这是我最擅长的。怎么可能随便就放弃这项技能呢？"

于是菲利克斯自己去了城里。为此，他两天没能出海钓鱼，还花掉了一半的积蓄。但是他回来时带来了一张渔网，和一条更大的机动船。

"我向政府借了钱来买这条新船和渔网。"菲利克斯兴奋地说。"我明天要去更远一点的海域来捕更多的鱼。"

第二天早上，菲利克斯和史蒂夫有生以来第一次向不同的方向去捕鱼了。当他们回来时，史蒂夫钓到了30条鱼，而菲利克斯只捕到了15条。但是菲利克斯相信他很快就能捕到更多的鱼。"我对这个渔网还不太熟悉，需要多练习。"

正如菲利克斯想的那样，不到一周后，他的鱼就比史蒂夫多了。又过了两周，他一天就能捕到比史蒂夫多5倍的鱼。他很慷慨地给了史蒂夫一些鱼，并劝他也改用渔网捕鱼。

“这是我的传统。我的祖父和父亲一辈子都是这么钓鱼的。我会努力改进，但是我不能放弃这项祖传的、我已经很熟练的技术，去试我从来都不知道的东西。”史蒂夫说。

这个小故事是很多人生活和事业的写照。多数人只是停留在学习之前已经被广泛传播的知识技能和人们一贯使用的方法。他们认为被广泛使用或者自己一直都用的方法一定是最好的，而且也不愿意经受暂时的痛苦和不便来接受新的事物和方法。

但是作为人类，我们之所以可以有如此大的进步，是因为我们有改造旧事物的勇气。从现代人类出现在地球上起一直到几千年前，我们的祖先大多都是靠着两条腿行进的。后来，人们学会使用动物，比如骆驼和马，来帮助我们旅行。之后人们又发明了轮子，于是一匹马就可以拉比以前更多的人和物品。但是人们并没有停止发明更好的方法。我们想要行进得更快，并且运输更多的东西。于是火车和汽车出现了。这些机器给人类的旅行带来了一场革命，使人们的活动范围和视野得到了质的提高。但是人们还是没有就此满意。我们想要像鸟一样飞翔，这样就可能穿越大陆和海洋，去更远的地方。于是飞机出现了。在今天的世界里，我们可以在一天之内飞到地球的任何一个角落，在每小时300公里飞速行驶的火车上舒服地旅行，但是我们仍然没有结束创造。我们想要新的机器能带我们去太空旅行，去其他星球做客，甚至去另一个星系探索。

你也许不会去重新发明人类交通运输系统，但是你可以改造自己做事情的方式，来帮助自己更有效地实现目标。如果你觉得自己虽然很努力但还是停滞不前，这就是一个信号：你需要做出大改变了。这可能意味着你需要去寻找一个全新的方法，试验不同的主意，甚至是开始一段完全不同的旅程。即使你在事业上正在一点一点地进步，你还是应该经常问自己：有没有一种新的方式可以让我有质的飞跃？

从不同领域混合搭配

上一章我们说最好的学习方法是模仿大师，现在我们又鼓励你摒弃传统重新发明更好的方法，这是不是有些矛盾了？一点儿也不是。事实上，这两种方法用在一起效果最好。重新发明某个事物最好的方法之一就是从不同的领域里借鉴各种各样的概念和方法，经过一番混合搭配，就有可能有不凡的发现。模仿并不代表完全复制，重新发明也并不代表完全从零开始创造。最高级的模仿是从不同的大师那里借鉴不同的好东西，然后把它们和你自身的天赋、能力、信念以及你实践中总结的经验教训结合起来，形成属于你自己的方法。很多伟大的“再创造”就遵循了这样的过程。比利·比恩利用了已有的资源——几百盘过去棒球比赛的录影带，以及现有的统计学分析方法——把它们放在一起，用在对球员的评估上，创造了奇迹般的效果。那些最先发明马车的人也只是简单地把两种已经存在的东西——马和有轮子的手推车拼凑在一起，而创造出一种全新的运输方式。

当我们学习一种新东西的时候，不应该只是盲目地模仿别人，而不去尝试新的方法。我们应该向不同的人和事物不断学习和借鉴，然后把学到的和自身的优势结合起来，从不同的角度大胆尝试，最后创造出最适合自己的方法来。

在学术研究和产品开发中，这种“借鉴混搭”的方法非常有效。我在博士第三年开始的时候，遇到了一个棘手的问题。我的项目是寻找人类基因组中在现代人类出现后进化速度加快的基因，因为这些基因很有可能对人类适应新环境和新的生活方式有重要的贡献。开始的时候，我使用了一些已经被广泛应用的统计学方法在全基因组序列中寻找这些DNA片段，但是效果不佳。主要原因有两个：一是样本数量不够多，导致统计的显著性不够高；二是数据中“杂质”太多，导致很多阳性结果最后都可能只是数据问题或者“偶然”结果。要真正做出有意义的结果，就必须找到一种可以减少这两个因素影响的方法。但是我阅读了很多该领域的相关文献，也没有找到一个比较满意的方法。

于是我决定跳出自己的圈子，把思考范围扩大。我不断地问自己两个问题：第一，在遗传学的其他领域里，有没有可以用到的方法和研究成果？第二，在计算和统计的其他领域里，有没有可以借鉴的方法来解决类似的问题？带着这两个问题，我开始到处探索，和不同领域的专家聊大，从中寻找线索。

这种方法果然凑效。很快，我就找到了突破口。一位研究功能遗传学和表观遗传学的同事告诉我，他们和世界各地的其他一些科学家在研究功能DNA片段的序列特征，并且有了很多不错的成果。我可以使用他们的成果和一些算法，来判断在我用统计学方法找出来的有可能进化速度加快的序列里，有哪些更有可能拥有功能。因为没有功能的DNA序列是不可能加速进化的，所以这可以帮助我进一步筛选结果。另一位计算机系的朋友建议我利用已有的数据尝试使用机器学习的方法来寻找这些基因。这是我之前从没有听说过的方法，但后来学习了之后发现的确会非常有用。

于是我借鉴了这两个不同领域的成果和方法，结合自己已有的统计学方法和数据，创造出一种比以前的研究更全面、更有效地方法。这个方法得到了我的导师的肯定，在我的研究项目中起到了很大的作用。这个新的方法中其实没有任何一个元素是全新的，但是通过对已有方法的独特组合和利用，就可以创造出全新的、有突破性的成果。

第 15 章
为诱惑做好准备

意外的机会，不意外的结果

20 多岁的哈里森对自己已有 10 年之久的演艺生涯一点儿也不满意。他目前为止基本上所有上镜的机会都是以临时演员的身份饰演一些几乎可以忽略的小角色，比如在电影里只出现几秒钟的无名侍者。他的名字几乎从来没有在电影结尾出现过，因为他的角色实在是太不重要了。这是很多演员的命运，但是哈里森并不服气。他的梦想是成为一个大明星。

那是 20 世纪 70 年代初，残酷的现实开始把他压得喘不过气来，因为他没有足够的钱维持妻子和孩子的基本生活需要。于是他去公共图书馆阅读有关木工的书籍，最后自学成了一名职业木匠。由于他在演艺圈的关系，哈里森从一些明星和工作室那里接到不少木匠活，开始有了一些成功。后来他还接到了一个 10 万美元的大订单，给一个巴西的乐队做录音室。虽然木匠生意不错，哈里森并不愿放弃自己成为明星的梦想。他还是会接一些演艺工作，但由于不再为钱发愁，他可以不必去演那些自己不感兴趣的无名角色，而只接那些他愿意演的。

1973 年，在他的努力争取下，哈里森在一部由一位当时很年轻的导演乔治 · 卢卡斯（George Lucas）执导的影片《美国风情画》中得到了一个小角色。这部影片出人意料地受到了广泛好评，而这部影片的选角导演对哈里森的演技给予了很高的评价。但是毕竟木工还是哈里森的主要职业，因为扮演这些小角色还不能够让他赚足够的钱，更不可能让他出名。

1976 年，当年导演《美国风情画》的乔治为他的下一部影片《星球大战》甄选主角。试演那天，乔治让参选 3 名主角的 3 个演员一起演，来看他们是如何配合的。他计划让几组这样的演员分别试演，最后由他来选出最适合的 3 位演员。但是那天，乔治面临一个小问题：他有 5 名演员试演角色“莱娅”，5 名试演角色“卢克”，但只有 4 名演员试演“汉”。这意味着第五组试镜的两个演员就只能和空气对话了。乔治觉得这样不妥。他需要一个人来填补这个空白。这个人甚至不需要是个专业演员，只要能配合其他两位演员，让他们有个真人来对话就足够了。他问自己的选角导演弗雷德有没有一个人可以来填补这个空缺，弗雷德推荐了哈里森。

当然，乔治一点儿也没有让哈里森试镜的意思。他的任务只是帮助其他两位演员。乔治急需的只是一个能说台词的活人，而哈里森恰好那时有空可以充当这个“活人”。

但出乎所有人意料的是，哈里森当天的表演让整个导演团队张大了嘴巴。他们被哈里森的演技折服了，敦促乔治选哈里森来饰演“汉”这个角色。乔治开始有些犹豫，但是他同样被哈里森出色的演技打动了。最后他还是改变了原先的计划，选择了哈里森。这个消息让哈里森激动得说不出话来——毕竟，他来根本不是试镜的，而只是给另外两位演员提供一个能够对话的人。哈里森当然不能错过这个千载难逢的机会，毫不犹豫地接受了这个角色。

星球大战后来成了全球最成功的系列电影之一。哈里森·福特（Harrison Ford），这位饰演影片中三位主角之一汉·索罗的曾经的无名小卒，实现了他的梦想。他成了一个大明星，从此再也不用做木匠了。

在星球大战之前，哈里森·福特已经在他的演艺事业中碰了好多年的壁。而让他的命运出现大转折的，只是一次偶然在导演乔治·卢卡斯面前填充空缺的机会。不管从哪个角度来看这件事，哈里森都是十分幸运的。但是如果哈里森没有抓牢这个机会，在乔治面前展现出自己出色的演技，以至于让乔治改变原先的计划，冒险选择他这样一个毫无名气的演员，这个从天而降的好运就不会对哈里森的演艺事业有任何正面影响。

哈里森在《星球大战》之前的很多年里，一直没有停止提高自己的演技，并努力去认识更多演艺圈的人。他在扮演每一个角色的时候都是全情投入，即使是那些连名字都排不上的小角色。这些经历对他之后演艺事业的腾飞起了很大的作用，因为他在小角色里的出色表演给选角导演弗雷德・鲁斯留下了很深的印象。当导演乔治需要一个人来填充空缺的时候，弗雷德立刻想到了哈里森。虽然哈里森并不是正式来参加试演的候选演员，但弗雷德觉得，这是一个让哈里森崭露头角的机会。这个认真的小伙子当然没有让弗雷德失望。当他站在乔治面前的时候，他并没有把自己当成只是为其他两位演员填充空位的"活人道具"。他把自己全部的演技和热情都投入到了这个角色中。过去多少年的学习、演练、积累，在这一次全部发挥了它们的神奇。他打动了乔治和在场的每一个人。如果哈里森当初没有投入时间和热情打磨自己的演技，他或许最后还是一个木匠。他能够抓住这次意外的好运，完全是因为多年的积累和努力，所以之后的结果也就一点也不意外了。他很幸运，因为他随时都准备好了迎接幸运女神的造访。

慈善家简妮的起落

1993 年，简妮突然间成了全美国运气最好的人之一。她赢了密苏里州的彩票，得到 1800 万美元的奖金。不过简妮已经听说过很多彩票得主后来人生反而被毁掉的故事——有的吸毒成瘾，有的被亲戚朋友或者以前的恋人逼着要钱，有的甚至被谋杀。但是简妮，一个从韩国移民至美国的 50 多岁的单身母亲，决定远离诱惑和放纵。在买了一栋价值 120 万美元的富人区豪宅之后，她决定投身慈善事业。

她的孩子们小时候跟着她这个单身母亲受尽了苦。简妮觉得这是一个让自己的女儿骄傲一把的机会。她的一个女儿曾经就读于华盛顿大学，于是她就向这所大学捐赠了 150 万美元。作为对她的慷慨的感谢，大学将简妮穿着一袭白色传统韩服的肖像挂在了法学院图书馆的一楼大厅。在这幅肖像的下方，是以她的名字命名的“简妮读书室”的入口处。在向大学捐款的同时，她还实现了自己的一个个人愿望——在自己所在的小区建造了一座不分教派的教堂，所有费用都出自她新近获得的财富。

很快，简妮有了所有自己曾经梦想得到的东西——一栋豪宅、两辆豪车、按自己意愿修建的教堂，以及她的名字和其他名人一起被镌刻在学术殿堂中。她感觉自己已经成了特权阶级中的一员。为什么不再多做点儿呢？赢得彩票大奖就是要使自己的梦想都实现，而她也仅仅花掉了奖金中的一小部分而已。她决定要让自己的功名再大一些。她想要捐款支持美国的主要政党之一民主党。但是她面临着一个问题。在她赢得彩票的时候，选择了在之后的几年里分 20 次陆续收到奖金。但是那时候她没有想到自己会这么慷慨地花钱。现在，奖金来得太慢了。她后悔自己当初没有要求一次领完奖金。

但是很快，她找到了一个解决办法。有一个组织愿意帮助像她这样的人。她把自己之后将要收到的奖金“卖”给了这个组织，换来了一次性的付款。当然，这样的代价就是她得到的钱比分期能得到的钱的总和要少一些，但是至少她现在有了一大笔钱。于是她继续着自己花钱做慈善的狂热。他向民主党的几个重要人物提供了支持，包括希拉里·克林顿和杰伊·尼克森。之后的三年里，简妮的慷慨捐赠引起了民主党的注意，于是她被邀请参加各种晚宴，曾经不止一次坐在希拉里的身边。她甚至还在白宫参加了接待韩国总统金大中的国宴。

她对这些华丽丽的社交光环和社会地位的欲望迅速膨胀起来。不管怎么说，慷慨大度总不是坏事吧？简妮继续向不同的慈善机构捐钱，包括帮助无家可归的人、支持家庭收养韩国孤儿的组织等等。她成为当地韩裔美国人协会的会长，并且为协会购置了一套房屋。没多久，简妮就发现自己的银行账户不再是 7 位数了。但是她的慷慨已经吸引来了各种慈善组织向她募捐，社会压力很大，她只有继续大方地捐下去，才能保持住自己的社会地位。慷慨带给她的光环已经使她成瘾，陷在其中无法自拔。她用房子作抵押，向银行申请了 140 万美元的贷款，并开始透支信用卡。她一边不停地捐款，一边梦想着幸运女神的再一次降临。于是她重新拾起自己赌博的陋习，但是这次，她没有那么幸运，反而在赌场上输掉了将近 100 万美元。意识到自己浪费了很多金钱却没有什么回报，她决定更明智地用钱，于是便给几个初创公司投了资。但是，这些公司最后都失败了。她后来不得不把自己的奔驰车租出去来维持生计，但是这并没有给她带来足够的钱。

2001 年，在身负 250 万美元债务、银行账户上只剩下 700 美元的绝望中，她申请了破产，从此她的财务状况再也没有恢复过来。

很多人梦想变得富有，但是一些人并没有尝试运用自己的能力和智慧逐步地赚得财富，而是选择了做白日梦，等着有一天好运会降临到他们头上。这就是为什么彩票在全世界各个地方都很流行。颇为讽刺的是，在那些真的行了大运中了头彩，一夜之间变得极为富有的人们中，很多几年后的财务状况比他们得奖前还差。其中的主要原因之一，就是他们倾向于做短期内有利的决定而不考虑长期，而且缺乏对财富的管理能力。当幸运女神突然出现在他们面前的时候，他们没有任何准备，也没有长期保持财富和幸福的能力。他们在幸运女神面前只会过度兴奋，失掉平衡，最后挥霍掉突然得来的财富。

建立永久性的财富需要很多年的努力和准备。我们需要运气，但是只靠运气是不可能长久的，除非你已经做好了充分的准备，能够将好运留在身边。那些真正幸运的人永远都不会停止学习和培养自己的技能、力量、人格和才智。他们随时都准备着迎接幸运女神，而当她突然出现时，他们就不会轻易让她离开。

行动津梁

在幸运女神到来之前打扮好自己

一些人似乎比其他人更幸运。他们的人生之路看起来比别人都顺利，得到了令人艳羡的成功。然而很少有人意识到，这些幸运的人不是碰巧幸运的。他们幸运，是因为他们知道如何吸引幸运女神。

运气并不是随机事件，虽然在很多旁观者看来，似乎确实很随机。运气的一些元素是可以控制的。人们经常谈到的幸运可能实际上不只是好运气。当人们不明白为什么某人如此成功时，他们就把这种神秘的成功归结为好运的结果。人们在幸运者表面上的幸福、满足和成功背后没有看到的，是他们在“好运”来临之前所付出的努力和所做的一系列准备。

格雷·普雷尔（Gary Player）是高尔夫球史上最优秀的运动员之一。一个周日的早晨，格雷正在高尔夫球场上练习果岭边沙坑球。这是高尔夫球中最有挑战性的技术之一，需要扎实的功底和高超的技艺才能打好。一名男子也在附近打球，正好看到格雷把球打进了球洞。他有些惊讶。“好球！”这位男子说。“如果你再打进一个，我就给你50美元。”格雷没说什么，又挥起了球杆。球进去了。“打进第三个，给你100美元。”球第三次进了洞，而格雷似乎很镇静。男子惊得张大了嘴。“我从来没有见过像你这么幸运的人。”

“这真是个有趣的现象，”格雷说。“我练习得越多，运气就越好。”

当旁观者看到格雷连续三次将球打进洞时，他无法解释原因，所以只是简单地认为格雷那天运气很好。但是他没有看到的，是格雷在那天的“运气”到来之前多少年坚持不懈的练习和多少次没有把球打进洞的情况。

你还记得我的前同事劳拉吗？她的梦想是有一天能在全世界最大的时尚奢侈品牌之一做执行官。从她有了这个目标开始，她就一直不停地向着这个目标努力。她读了很多关于时尚奢侈品行业的书籍和文章；她自学了时尚设计的课程；在咨询公司，每次只要有时尚奢侈品的项目她就举手要求加入，并且很认真地做好每一个项目，尽可能多学习行业知识。

她去了很多可能会撞见幸运女神的地方——时尚奢侈品展会、行业会议、业内人士座谈、社交活动等等。她似乎比任何一个人做的准备都多。当然，最后幸运女神并没有让她失望，她得到了自己梦寐以求的职位。她幸运吗？当然，但前提是，她自己早已准备好了接受好运的到来。

机会其实经常会敲我们的门。但是很多时候，我们并没有做好迎接她的准备。通常机会越大就越难抓住和掌控，除非我们把自己训练得足够强壮。如果一件很大的幸事掉在一个人身上，而这个人还没有足够的力量去接住它，也没有做好准备充分利用它，那这个人就不会享受到幸运带来的美好，反而会被它压垮；或者没有接住，运气就只能轻轻从他指间溜走。那些被天上掉下来的财富压垮，进而毁掉自己人生的彩票中奖者们，就是最好的例子。

你需要她的帮助，她才会来

如果你可以通过努力工作来实现愿望，为什么还谈运气呢？原因是，运气在多数大的成就中都会起到重要的作用。如果你的目标不需要任何运气的成分就能实现，那这个目标就不够雄心勃勃。人类之所以能够在短短的文明社会中成就如此之多，很重要的原因之一是一些人敢于尝试，积极地面对挑战和风险，而运气常常在这种情况下出现。只有你大胆去追求富有挑战性目标，幸运女神才会助你一臂之力。

如果你准备好了要去实现一个很大的目标，很多以前从未遇到过的好的或坏的情况就会突然出现。就好像幸运女神知道你有了伟大的追求，突然开始给你特别关注一样。坏运气有时候会向你袭来，但那只是为了帮助你搭建好迎接好运的舞台。这就是为什么勇敢无畏的人容易赢，而那些过于小心谨慎的人却从来没有创造出深远的影响。

如果怀特兄弟只想追求“合理”的目标，那他们可能会坚持“老本行”，接着改进和制造自行车，而不是去发明和测试飞机，也就不会翻开人类交通史上的新篇章。如果乔布斯在苹果电脑成功之后只是继续在已有的成就上努力，那苹果可能还只是一家个人电脑公司，而不会带来全球智能手机的变革。那些会使你有质的飞跃的目标总是充满了不确定性，无论是通向目标的路径还是最后的结果都无法预见。所以，你需要幸运女神来帮助你实现。

幸运女神对你的要求会很高。如果你停止追求更高更有挑战性的目标，不再勇敢地面对未来的不确定，不再相信你自己可以有伟大的成就，她就不会再来到你身边。那些抱怨自己运气不好的人，通常从来都没有为自己的梦想而拼一把，从来没有感受过挑战未知所带来的兴奋，也从来没有准备好冒险一搏，向一个宏伟的目标迈出一大步。如果你保持勇敢无畏的精神和对未知世界的兴奋与期待，幸运女神就很可能在你奋斗的途中助你一臂之力。

第 16 章 将自己暴露在运气前

改变人生的广告

在本科最后一年的时候，我忙着申请国外的研究生项目。这对我来说并不是一个令人兴奋的过程。我当时没有钱支付一些美国研究生院几十甚至上百美元的申请费，所以只能去找那些免费申请的学校。我并不想一辈子做科研，对实验室没有什么热情，所以那些通常要花 6 到 7 年才能毕业的、以做实验为主的美国博士项目一点儿也不吸引我。但是美国的硕士项目也不是一个选择，因为这些项目通常不提供全额奖学金，而我根本不可能自己支付得起那里的学习和生活费用。我试图寻找一些欧洲由政府提供奖学金的硕士项目，但是这样的项目少得可怜，而且一些还要求会讲当地的语言。

经过两个月的寻找和申请，情况并不让我乐观。我只得到了美国两所学校的面试邀请，并且在一个法国硕士项目最后一轮面试中失败了，因为我一句法语都不会说。我意识到自己恐怕得开始考虑别的出路了。

一天午饭后，我打开自己的Gmail信箱查邮件，猛然在页面的右边看到一则并不显眼的广告。我一般都对邮箱页面上的各种广告视而不见，但是因为我当时对“PhD program”“graduate school”之类的词很敏感，所以这一则广告立马引起了我的兴趣：“four-year Genomics PhD programme in UK（英国基因组学四年期博士项目）”。

我立即点了进去。浏览了一会儿网页之后，我对这个项目立马产生了浓厚的兴趣。整个博士项目只有四年，比美国的要短得多。学生可以在开始后自由选择博士研究的领域和课题，包括不需要做任何实验的生物信息学项目。这个项目提供全额奖学金，包括了所有的学费和生活费，而且申请是免费的。就在我心里盘算着应该试一试这个项目时，我注意到，距离申请截止日期只有十几个小时了！我有点儿着慌：要写好一份过得去的申请信、填好所有表格一般需要一两天的时间，现在只剩下十几个小时了，况且下午我还有两堂课。

经过几分钟的心理斗争，我决定不去上课了，而是集中精力赶这个申请。虽然时间上紧张了点儿，申请信的质量也许不会太高，但是如果我不申请，这个机会就白白浪费了。还是试一把吧！事后再回想起来，这是我人生中做过的最明智的临时决定之一——我被英国剑桥大学录取，在那里度过了美好的四年时光。在剑桥学习的经历是我一生中最宝贵的财富之一，而我差点儿就和它失之交臂了。

整个申请、面试和最终拿到录取通知的过程并不是那么简单，中间也有不少的曲折，但是那个不显眼的 Gmail 广告和我毫不犹豫的点击却是整个过程中最关键的一步。如果我只是专注于查邮件而没有看到那则不起眼的广告，如果我没有很快注意到申请截止日期就是当天，如果我决定按原先的计划去上课而不去尝试申请，那我就不可能有机会在全世界最优秀的大学读书学习，并且接触到一个全新的领域——生物信息学。

知道幸运女神到底什么时候来敲门是不可能的，所以我们经常很难把握什么时候应该留意机会的到来，什么时候应该义无反顾地去追寻机会。但是如果你只是一味地严格遵循自己每天的惯例，从来不留意和观察周围的事物，也不愿意为了抓住一个突然出现的机会而改变原先的计划，那你就把运气永远地关在了门外。虽然时不时四处张望并不保证幸运女神会来敲你的门，但是如果你从来不开门，即便她来了，你也会错过。

休假后的惊喜

19 世纪中期，一位年轻的微生物学家路易·巴斯德（Louis Pasteur），在他事业的早期就已经给当时的科学界带来了几次不小的震动。那个时候，西方科学界普遍认为微生物在食物中产生是一个完全从无到有的过程。但是巴斯德向科学界证明了，很多包括细菌在内的微生物是存在于空气中的，而这些微生物就是食物变质的元凶。他后来又提出另一个让科学界震惊的“疯狂”学说：细菌之类的微生物不仅可以使食物变质，而且能给动物和人类带来疾病。

在他科学事业的后期，巴斯德希望能找到一种防御传染性疾病的方法。他用一种有高度传染性的、已经杀死很多家禽的病——鸡霍乱来做实验。他从病鸡身上提取出微生物，然后注射到健康鸡的血液中。当然，就像他几年前就发现的，这些原本健康的鸡被注射霍乱菌后染上了霍乱，很快就死了。但是这次巴斯德想要找到一种防止鸡染上霍乱的方法。于是他用各种自己能想到的办法来干预细菌，但是没有一种能够阻止这些细菌感染健康的鸡。在无数次实验无果之后他觉得很沮丧，于是决定休假一段时间调整一下。

他让自己的实验员在他休假期间继续给鸡注射细菌。但他的实验员怎能错过这样一个绝好机会，于是在巴斯德离开后也休假去了。巴斯德回到实验室后，发现一盘已经在实验台上放了很久没人管的霍乱菌。虽然巴斯德知道这些细菌被留在外面这么久大概已经很弱了，他还是决定把这些“变质”了的细菌注射给健康鸡，看看会发生什么。被注射的鸡生病了，但是都活了下来。对这个结果巴斯德并没有觉得奇怪：这些细菌的杀伤力已经很弱了，所以鸡没有死是正常的。他继续着自己的实验，将新培养的活细菌又注射给这些鸡，但这一次奇迹发生了。那几只之前被注射了“变质”细菌而没有死的鸡再一次被注射霍乱菌后竟然没有染上霍乱。出于某种原因，这些鸡对霍乱菌免疫了。这一时刻，巴斯德意识到自己撞见了幸运女神。这次意外的实验带给他一个重大发现：如果一个人或动物被注射了失活的细菌，这个人或动物之后就会对这种细菌产生免疫。

巴斯德于是开始研究人类和动物的疫苗，先后制作出炭疽和狂犬病的疫苗。那时候还没有人知道疫苗的原理是什么，但是它们的神奇作用是人人都看得到的。多亏了巴斯德偶然的发现，才使疫苗这种神奇的东西拯救了亿万人的生命。

很多人有过类似的经历。他们在很长一段时间里不断地尝试着去解决一个问题，却没有什么进展。不管他们怎么努力，每次都还是碰壁而归。经过无数的挫折，他们决定暂时忘记一段时间，休息一下。而当他们回来后，突然发现解决问题的途径就赤裸裸地摆在他们面前。

这是因为，如果你在生活中引入一些变化和随机事件，你就有更大的可能性和幸运女神碰面。当你暂时甩开自己的惯例时，你就从自己惯用的思维方式中暂时解脱开来，开始用一种新的目光去审视这个世界。当然，度假本身并没有直接帮助巴斯德发现疫苗。他完全可以在回来后直接扔掉那些“变质”的细菌，但他却决定把这些细菌继续给鸡注射。他从来没有这样做过，但是他的好奇心和开放的思维使得他这样做，来看看究竟会发生什么。而那正是奇迹发生的时刻。

当你拥抱生活带给你的各种随机事件和机会时，好运就常常会在不经意间降临。

最无聊却最有意义

另一次幸运女神意外来访是我在剑桥第三年的时候。那天我正在忙碌地申请战略咨询的工作，中间休息时浏览Facebook，不经意间看到剑桥咨询协会的一个通知，说下午有一个咨询面试的讨论会。

那是一个阴冷的下着小雨的周六，也是我生日的前一天。我希望能快点儿递交几份工作申请，这样第二天就可以腾出时间来和朋友一起过生日。这个讨论会的地点和我住的地方离得有点远，而且从Facebook上的报名情况来看，没几个人会参加。我有很多理由不去参加这个讨论会，而去的理由大概只有一个，看看其他申请咨询的同学们都是怎么准备面试的。我和自己的不情愿斗争了一会儿之后，还是去了。

事实很快就证明，我不该参加这个无趣的讨论会。当时一共只有四个人参会，我们最后就只是一起练习了一个简单的案例。我没有学到任何新东西，而且其他在场的三个人中，只有一个我不认识。既然已经来了，也没法再挽回已经浪费掉的时间了。研讨会结束后，我也没多想就回了家。但是让我万万没想到的是，后来发生的事证明了这也许是我参加过的最有意义的讨论会。当时唯一那个我不认识的同学也是这个讨论会的组织者，他向我道歉说由于暑假还没有结束，本科生都还没有回校，第一次的讨论会才没有什么人参加。我和他聊了一会儿，知道他当时也在申请咨询的工作，于是我们就互换了联系方式，以便回头约了一起练习案例分析。很快我发现自己很喜欢和他一起练习，因为他似乎很在行，而且给我的反馈也很坦率很有用。之后的两三个月里，我们俩的案例分析技能都有了很大提高，后来都拿到了心仪的 offer。我们对彼此的帮助和支持都很感激，认为如果没有对方的帮助，我们大概不会拿到 offer。

但这只是故事的开始。之后我们成了好朋友。有了工作 offer 之后，我们有了很多闲暇时间，于是就约出来一起弹琴、吃饭、聊天、出去旅游。我们聊了很多个人的追求和梦想等话题，发现彼此有相似的个性和爱好，而且也有共同的梦想。两年后，我们结婚了。这是在我生命中发生过的最美好的一件事，而它只是开始于一个我差一点就错过了的、似乎毫不相干的机会。

幸运女神并不喜欢在你认为正确的时间或正确的地点出现。她喜欢玩捉迷藏，而你基本不可能知道她藏在哪，什么时候会突然跳出来。找到她的秘诀之一，就是时不时地打破你的常规，尝试一些平时不做或者不愿意做的事，让你的生活有一些变化。有时候，你不妨跟着直觉走，虽然你不清楚直觉会把你带向何方。你并不是做每件事都需要一个绝对理性的原因——如果你感觉自己应该做一件事，那可能是你的直觉和潜意识已经察觉到了幸运女神就在不远处。

时不时丢掉你的惯例

如果你仔细回忆所有发生在你身上的幸运事件，就很可能发现，很多这些事件都发生在完全意料之外的情况下，而且你和它几乎失之交臂。多半时候，幸运发生的时刻，你是在做一件惯例或“职责”之外的事。

英国赫特福德大学（Hertfordshire University）的研究员理查德·怀斯曼（Richard Wiseman）已经研究运气有很多年了。他发现很多运气不好的人总是运气欠佳，而那些运气好的人则似乎时不时就有好运来袭。他认为，好运的人总是好运的原因，是他们拥有一些会带来好运的习惯。这些人好奇心很重，经常会发现新事物，并喜欢给自己的生活带来各种各样的变化。而那些总是运气不好的人，则每天都用自己习惯了的或者别人告诉他们的方式生活和做事，而不去关心自己的惯例或职责以外的事情。

在他的一个实验中，理查德把受试者分成“幸运”和“不幸”两组。“幸运”组的人们认为自己总是很幸运，而“不幸”组的人们则觉得自己老是运气欠佳。理查德给了每个人一份报纸，让他们数一数报纸里一共有多少张照片。结果是，“幸运”组的人大多都只用了几秒钟就报出了照片的数目，而“不幸”组的人们则用了两分多钟。为什么会这样？原来，理查德在报纸里使了一个小花招。在报纸的第二页，有一条字号很大的信息：“别再数了，这份报纸里共有43张照片。”那些“幸运”组的人很快就看到了这条信息，于是报出了自己的答案，而“不幸”组的人们呢，则大多完全忽略了这条信息，即使它用了巨大的字号，占了报纸的半个版面。这些“不幸”的人太专注于数照片了，竟然错过了摆在眼前的“运气”——那条告诉他们答案的巨幅信息。

很多有成就的人的幸运时刻发生在他们把自己暴露在不熟悉的环境中或机会前。在霍华德·舒尔茨（Howard Schultz）创办星巴克咖啡之前，他在一次短暂的商务旅行中来到意大利。按正常的习惯，霍华德会很快地办完事，然后坐上飞机回美国。但这次他决定逛一逛。在街上漫步的时候，他发现路边的一家小咖啡吧，于是决定进去尝一尝这里的咖啡。他用欣赏的眼神观看着咖啡师傅表演如何制作一杯完美的意式浓咖啡，然后细细品味着那新鲜、香浓的味道。霍华德立马爱上了这杯无比美味的咖啡。他观察着四周，发现这个咖啡吧不只是忙碌的人们买一杯提神咖啡的地方。咖啡吧的另一边有很多椅子和桌子，有人坐在一起小声聊天，有人在静静地读一本杂志，有人在喝咖啡的同时品尝着一块蛋糕，有人则默默地望着窗外冥思。这是一个人们聊天社交的地方，独自享受慵懒下午的地方，从忙碌的生活里走出来透透气的地方。霍华德深深地爱上了这个极具艺术气息的意大利咖啡馆。他决定要把这种生活方式带到美国。于是，享誉世界的星巴克咖啡诞生了。

要想运气好，你就要去运气可能出现的地方探索。如果你只是每天遵循同样的规律，忙碌着同样的事情，去同样的地方，那你的生活就不会有什么变化，而运气也不太可能突然出现。你需要将自己暴露在新的事物、新的地方、新的人、新的经历面前。只有这样，你才更有可能和幸运女神相遇。

多尝试“疯狂”的想法

你如果经常尝试新鲜事物，就更有可能吸引运气。这意味着你要愿意“冒险”，愿意在不知道结果会如何的情况下学习一项新的技能，探访一个新的地方，或者试着做一件自己从来没有做过的事。

推特（Twitter）是从美国硅谷出来的最成功的互联网公司之一。但是推特的创始人们最初创立的公司和推特并没有什么关系。他们的第一家公司是一个叫做Odeo的播客公司。这个公司在运行了一段时间之后并没有吸引很多的用户，而且这些创始人发现他们对播客没有多大热情。在他们准备卖掉公司的股权之前，决定做一点“疯狂”的事情。他们发起了一个“黑客松”（hackathon），也就是编程马拉松。公司上上下下所有员工自由组成小团队，花两周的时间做一个他们自己设计的项目。他们不知道这个黑客松会有什么样的结果出来，但是他们相信，热情加上能力就可能出奇迹。果然，奇迹出现了。推特从这次黑客松中诞生了，从此他们在成功的路上再也没有回过头。

我们每个人都会时不时冒出来一个有点点“疯狂”的想法。但是99.99%的想法都从来没有被付诸实践。虽然这些想法中大概有很大一部分是不值得尝试的，但是大多数改变人生，甚至改变世界的想法都是开始看起来相当“疯狂”的。如果没有人尝试，就不会有人成为那些捕捉到这些带来幸运的想法的人。

我人生中几次“疯狂”的选择都给我带来了惊喜。从高三不去学校在家自学的疯狂想法，到博士选择完全陌生的生物信息学，再到果断放弃学了八年的专业转行战略咨询，再到辞掉这份让很多人艳羡的工作自己开培训公司。这些看似“疯狂”的行动，让我不断地成长，不断地发现和了解自己，不断地和自己真正想做的事越来越近。只有回头观望时，才知道，这些当初的疯狂其实是非常理智的选择。

把生活当成有趣的探险

刚才提到的运气研究员理查德还在他的研究中发现，

焦虑的人往往不如放松的人幸运。当一个人焦虑的时候，就会倾向于坚持用自己习惯的方式和规律做事，专注于手头的任务，过分担心他们会犯错或者违反规矩，于是便无法顾及发生在周围的其他事情。在那个数照片的实验里，“不幸”组里的人们过于担心自己会落掉一张照片，以至于他们的注意力只在照片上，而错过了他们的“好运”，即使那条信息就明晃晃地摆在他们眼前！而放松的人们通常把生活当做一种有趣的探险活动，所以他们并不一味地遵循规则和惯例，而是喜欢到处走走看看，对很多事情充满好奇。这就是为什么那些幸运的人很容易就看到了报纸里那条给他们带来好运的信息。

每个人的生活都有跌宕起伏。不同的是，焦虑的人们总是把事情看得很严重，有时候就会陷在不幸的事情上无法自拔，或者由于过于患得患失而止步不前。而放松的人则带着兴奋的心情乘坐生活的过山车，一边享受未知的刺激，一边欣赏周围的风景，不管发生什么都不停地前进和探索。这种态度上的区别可以解释为什么有些人总是错过幸运女神，而另一些人则经常得到她的光顾。要想和幸运女神见面，你就要保持一颗好奇的心，期待神奇的事情发生；敞开胸怀，笑迎生活中各种不可预知的可能性。

第 17 章 紧随幸运女神的脚步

即使你来得不是时候，我也要追你

杰夫·贝佐斯（Jeff Bezos）当时是华尔街一家对冲基金和私募资本公司最年轻的高级 VP。作为一个 30 岁的年轻人，他是很幸福的：拥有令人羡慕的职业，每年几十万美元的年薪，和一个在当前事业上继续大展宏图的美好未来。

那是 1994 年。在他的公司里，杰夫的工作是寻找有前景的互联网公司来投资。在做研究的时候，他发现万维网的用户正在以爆炸式的速度增长。这突然给了他一个灵感："如果我们在网上卖东西呢？这样我们的顾客群就不受地域限制了。我们可以向全美国，甚至全世界销售。"

他立即开始头脑风暴式地搜索什么样的商品适合在网上卖。在众多他想到的商品中，书似乎是最适合在网上卖的，因为书的种类有很多，而且每个人都有不同的喜好。即使最大的实体书店也只有几十万本书的存货，而这只是所有书籍中的一小部分。一个网上书店却可以面向全国的顾客出售几乎所有存在的书。而且顾客在网上浏览选择自己想要的书籍也更方面，省去了跑去实体书店一本本翻的麻烦，随时随地都可以买书。这不是一个完美的双赢局面吗？

杰夫意识到这是一个绝佳的机会，同时也意识到它的紧迫性。如果他不马上行动，一定会有人很快开始做的。他不想错失这个机会，但那时对他来说并不是最好的时间。他一年前才和爱妻麦肯奇结婚，而且刚刚被升职。再过几个月，他就能拿到一笔丰厚的奖金，并且有机会在事业上进一步发展。放弃这份高薪且受尊敬的工作，搬到一个新的地方，从零开始搞一个自己也不知道会有什么结果的新公司，似乎并不是一个聪明的主意。

但杰夫觉得他没有时间再犹豫了。他必须马上行动。于是他辞了工作，打包了一些简单的行李放在车上，和妻子携着爱犬一起上路了——去位于美国另一端的西雅图。

在漫长的车程中，当妻子麦肯奇开着车的时候，杰夫坐在后座上为亚马逊草拟商业计划，并开始给潜在的投资人打电话。到达西雅图之后，他租了一栋房子，在房子的车库里创办了他的公司。他开始了自己创建世界最大网上零售商的旅程。

很多其他极其成功的企业也都是在“错误”的时间开始的。这包括微软公司。当盖茨在哈佛读本科三年级的时候，新的微型电脑 MITS Altair 8800 进入市场了。他和朋友保罗·阿伦立刻意识到创办一家软件公司的时候到了。虽然盖茨当时还在读书，他却没有多等一分钟。他随即从哈佛退了学，开创了微软公司。

最坏的时刻，最宝贵的机会

当朴银美（Yeonmi Park）得知自己的姐姐失踪了的时候，她正躺在朝鲜一家医院的病床上。父母焦急地询问了所有的邻居后得到的结论是，她姐姐已经踏上了逃离朝鲜的旅程。这个本已很脆弱的家庭立即陷入了巨大的悲痛。他们知道，这个年轻的女孩选择的道路充满危险。她被抓回来坐牢甚至接受酷刑的可能性比她成功逃脱的可能性更大。但是这个女孩为了那一丝得到好生活的希望，还是决定了背水一战。

银美的母亲恳求医院提前让她出院，虽然他们仍然没有付清银美的住院费。在家，银美发现一张姐姐留下的字条，告诉她在离中国边境线不远的地方有一个女人可以帮助他们逃出朝鲜。银美和母亲去找那个女人询问姐姐的情况，但没有得到任何消息。母亲让银美假装想要去中国，这样就可以进去房子里看看姐姐有没有在里面。

但那一时刻，银美却有了另一个念头。这也许是她唯一的逃脱机会了，因为边境上的那条河很快就会开化，到那时徒步过河就是不可能的了。但是母亲力劝她再等等，因为那并不是合适的时候。的确,这对银美来说是最坏的逃离时间。她病得很重，刚刚做完手术的身体极其虚弱。她们也完全没有做任何准备——她和母亲来这里不是为了逃离，而是为寻找她的姐姐。现在，她仍然不知道姐姐到底在哪里，而即使她们越过了边境，也不一定能找到姐姐。更糟糕的是，银美的父亲身体状况很差，需要有人在身边照顾。如果她们不告诉父亲就离开了，那父亲就可能一辈子生活在寻找她们的悲痛和绝望中。

但是她没有时间了。她必须要在河水融化之前逃离。如果银美等到身体恢复了，恐怕就得再等一年，甚至永远。冬天已经过去了，冻住的河水已经在融化，使得徒步过河越来越危险。离河水融化到完全不能过去的时候已经没几天了。如果她现在不走，她不知道自己是否还能活着等到下一次机会。这个国家在遭受严重的饥荒，银美已经有好几个月没有吃到一顿饱饭了。

那是一个生与死的抉择。银美没有用理智来做这个决定，因为理智会告诉她现在是最坏的逃跑时间，或者告诉她由于不确定性太大,无法做这个决定。她选择了听从自己的直觉，跟随自己那一时刻的强烈冲动和追求新生活的欲望。于是，带着还没有恢复的伤口，穿着单薄的衣服，在最冷的夜里，大气都不敢出地走过河上那层薄薄的冰，躲避了带有武器随时可能开枪的士兵，留下了还在家等着她回去的父亲，到达了边境线的另一侧，瑟瑟发抖着。

在她的书《为了生活》(In order to live)里，银美描述了自己逃跑时经历的种种生与死的考验。对她来说，那段逃跑的过程是她人生中最可怕最痛苦的时候，但同时，出逃也是她一生中最明智的决定。经过一段时间的挣扎，她最终到达了韩国。在那里，她成为了正式公民，接受了良好的教育，享受到现代生活能带给她的一切美好。如果她没有在那个最坏的时刻抓住那次机会，她也许就不可能完全改变自己的命运。

运气捉迷藏

克里斯·哈德菲尔德（Chris Hadfield）在 9 岁那年下定决心要做一名宇航员。但他知道自己需要十分幸运才可能实现这个梦想。那时候，他的祖国加拿大还从来没有出过宇航员，而且对国际空间项目也没有多少贡献。所以克里斯被选为宇航员的几率在当时看来几乎为零。但是他一点也没有要放弃的意思。他相信二三十年之后，加拿大就会有宇航员，而他当然想成为其中的一员。他为自己想好了一条路径：他要先成为空军的一名优秀测试飞行员，最好在美国，因为大多数宇航员都出自那里。之后他会向美国航天局申请成为一名候选宇航员。

有了明确的目标和途径，克里斯就知道了如何识别自己的幸运女神。从飞行学校毕业后，他开始了自己的第一个职业：战机飞行员。这份工作一点也不轻松。工作时间长，压力极大，而且很危险。他的薪水也不足为家人提供舒适的生活，而且做了一段时间之后似乎也没有什么机会到来。他几乎想要转行做民用航班飞行员，但是那样的话他做宇航员的希望就更加渺茫了。于是他留了下来，主动地学习了很多关于飞机的知识和技能，而这些在他之后的宇航事业中发挥了很大的作用。

有一天，运气终于来了。克里斯入选成为加拿大唯一一个公派去一家法国飞行学校学习的飞行员。这将是他向自己的理想迈出的一大步。他很激动，但是当他已经卖了房子和车、准备和妻子孩子一起飞到巴黎时，他听到了自己最不愿听到的消息：加拿大和法国政府出现了一些争执，于是他的名额被法国政府让给了一个其他国家的飞行员。

这对克里斯来说是一个很大的打击。但是对这件事他没有一点办法，只能认命。他也知道，只要自己坚持下去，幸运女神就一定会回来。果然，几个月后，他被选中去一所美国飞行学校。而这在后来被证明是他事业中的一个里程碑——如果他没有去这所美国飞行学校，可能就成不了宇航员。

幸运女神有时候会伪装自己，来测试你的决心和能力。她有时会和你玩捉迷藏，甚至把好运气变成坏运气来戏弄你。如果你放弃了，她就不会再来。但是如果你坚持，她就可能带给你更好的运气。你的坚持和决心通常是吸引幸运女神的最好方式。

行动津梁

识别你的幸运女神

幸运女神总是很神秘和难以捉摸。所以你需要能够识别她。每个人的幸运女神都是不同的，这取决于你的目标和愿望。所以你要很清楚自己究竟想要什么，实现自己的目标又需要什么。这是你能够识别她的第一步。

但是很多时候幸运女神会带着我们走向一条和我们最初构想的不太一样的路。当你发现一个意料之外的机会，而这个机会虽然看起来很好却似乎和你的计划不符时，你有可能撞上了幸运女神。这时候，不妨跟随她的脚步，看看她会带给你什么新的发现。

这样的事情在科学发现和发明中经常出现，因为很多科学发现都是计划之外"碰巧"获得的。有研究表明，50%左右的科学发现中运气都起到了很大的作用。亚历山大·弗莱明（Alexander Flemming）注意到自己的培养皿里奇怪的形状，于是发现了盘尼西林这个世界上应用最广泛的抗生素之一。当珀西·斯宾塞（Percy Spencer）在美国一家国防器械公司工作的时候，注意到一个雷达装置正在融化他口袋里的糖果，于是他发明了微波炉。当法国化学家爱德华·班尼迪克特斯（Édouard Bénédictus）在实验室不小心把一个玻璃烧瓶摔在地上时，他注意到瓶子上裂了好几条纹路却一点儿没破，于是他发现了在玻璃中加入硝酸纤维素可以防止玻璃破碎，进而发明了夹层玻璃，从此在汽车事故中挽救了无数生命。

把这种对非常事物的好奇和敏感用在你的生活中，你就很有可能在某一个时刻遇见你的幸运女神。

没有失去，哪有收获

幸运女神天性神秘莫测，她永远都是不可预见的。她常常突然出现，却又在不经意间消失。她有时会在你有一万个原因不接受她的时候出现在你面前，来测试你有多渴望实现那个目标。很多胆怯的人最后错过了她，只有那些勇敢坚定的心才会愿意抛弃一切来追随她。而她也自然会对后者更慷慨，让他们得到的比自己梦想的还多得多。这有时候是财富，有时候是快乐，有时候是一个全新的人生。

在人生中，得到新的事物常常意味着失去一些你已经拥有的。没有人能拥有一切，而用旧的来换取更好的就是进步。但是很多人对自己已经有的紧抓不放，害怕如果松了手，就会失去全部。尤其是当追逐新事物的路上充满了不确定性和风险的时候，他们会觉得自己要放弃的太多了，于是就踌躇不前，最后丢掉了机会。对亚马逊的创始人杰夫来说，他创立这个新公司要放弃的东西太多了，高额薪水、飞黄腾达的事业、纽约舒适的生活。而且新的公司需要很多包括时间、精力和资金在内的投入，却没有成功的保证。杰夫可以有几百个理由不去创办这个新公司，而放弃他已有的一切重新开始的原因也许只有一个，但这个原因已经足够让杰夫忽略所有反对的理由，义无反顾地开始行动。这个原因，是他自己亲手创建一家成功企业的梦想。

我们很多人在自己熟悉的生活中过得太舒适，或者被每天忙不完的琐事所困，从而忘记了梦想。我们的世界太复杂，而且还在变得更复杂。先天的本能加上后天的培养让我们很善于停留在“自动导航”模式，每天无意识地重复着同样的事情。我们对自己所处的环境和所做的事情越熟悉，就会思考得越少，也会越不愿意改变。想像你自己有一套舒适的房子、一个种着你最喜爱的花草的小花园、一只已经忠实地陪伴你10年的狗，还有一个高薪高福利的工作。你的孩子在当地最好的学校上学，有很要好的朋友。但是突然有一天，你的一个老朋友打电话问你想不想在他新创立的公司一起干。

你早就想要成为一家年轻有活力的初创公司的一部分。你希望能够和你志同道合的人一起奋斗，看着自己的公司飞速成长。你喜欢朋友的想法，也很想加入进去，但是你现在的生活很完美。你无法想象自己卖掉心爱的房子，离开忠诚的狗，辞掉满意的工作，搬到一个新的城市，一切从头开始。你需要给孩子找到新的学校，让他们重新结交朋友，适应新的环境。你的爱人也得去找新的工作，而你，则需要投入大量的时间、精力甚至金钱在一个你完全不知道会不会成功的初创公司上。你会这样做吗？

如果不会，你的生活还是正常地继续下去。直到有一天，你对每天重复同样的事情感到疲倦，开始厌烦大公司的环境，渴望做一些新的事情。但是你失去的机会就不会再回来，你也不知道下一个什么时候会到来。

如果你遇见了幸运女神，请勇敢地去追随她，拥抱她。即使你不知道她会带你去往何方，只要你知道你在离自己的梦想越来越近，就足够了。

机会出现时不要犹豫

由美国伊利诺斯大学和西北大学商学院研究者做的一项调查显示，很多人都后悔曾经错过机会，而这种后悔通常会比做错某件事的后悔持续的时间长得多。为什么人们总是错过幸运女神的造访呢？很多人在她出现的时候根本没有发觉，因为他们只顾忙于自己已经习惯了的工作和生活琐事，没有留心其他的事物。另一些人则在幸运女神出现时犹豫不决，不敢走过去牵起她的手，跟随她的脚步。他们觉得自己还没有准备好，所以他们决定再等一等。然而幸运女神不会等。她会像来的时候一样在不经意间消失。

幸运女神常常在最不方便的时间到来。所以你如果不想错过她，就要做好在她突然出现时放下手里的一切跟上她的准备。当你跟着她飞速前进的时候，你会面对更多的混乱而不是协调。当你觉得一切似乎开始有了秩序时，新的混乱可能又会出现。如果你想要快速前进，你就得做好面对混乱的准备，也要不可避免地在追求更好的、更让你满足的东西的过程中丢失一些你已经拥有的东西。虽然失去的过程是痛苦的，但是如果你太怕失去，就不可能前进得足够快，也不可能得到更好的。在跟随幸运女神的时候，切记那句老话：没有付出，就没有收获。

灵活是最好的策略之一。如果幸运女神只是短暂访问，而你可以立即丢下一切跟随她的脚步，而不用为丢掉了什么担心太多，那你就有很大的优势。清楚什么对你来说是最重要的，然后当机会来临时，不要犹豫，立即抛下一切不重要的事物，去追逐新的机会。

相信幸运女神对你的眷顾

相信自己很幸运对你是非常有利的。当你相信自己有好运的时候，就会对有可能带来好运的事情更加关注，这样你就更有可能遇到幸运女神。

我们已经看到，那些相信自己幸运的人，经常会遇到好运气，而且是一贯如此的。朴银美遇到了一系列幸运的事，才让她最终得以到达韩国，而她也一直相信自己是幸运的。英国著名女歌手阿黛尔（Adele）在事业早期有几次极其幸运的遭遇，带她走上了全球瞩目的舞台。她也相信自己很幸运，在接受采访的时候从不避讳提起自己的好运气。亚马逊的创始人杰夫也一直相信自己很幸运。

看起来，成功的人都认为自己是幸运的。这种“幸运信念”帮助他们注意到运气的来临，并及时抓住机会。好的运气常常会形成一个自我实现的循环：当你相信自己幸运的时候，你就更容易注意到运气的到来，所以就会更幸运；而当你变得更幸运时，也就自然会更加相信自己的好运气。

后　记

POSTSCRIPT

每个人都想让自己的生活和事业再好一点点。区别在于，有的人只是想想而已，而有的人则积极地去思考，去学习，并且将领悟到的好方法付诸实践。很多事情思考、理解起来并不难，但是要长期在实践中做到，就是一个很大的挑战了。有魄力接受这种挑战，你就已经胜利了一半。之后，就是在实践中不断打磨，将这些好的思想和方法逐渐变成自己的习惯。

没有一种思维方式或行为方法是普适的。所以我们在实践中一定要结合自己的实际情况，在借鉴别人的方法和探索自己的方法中找到平衡，形成最适合自己的模式。在这个过程中，灵活变通、多思考多尝试是最重要的。当然，我们自己能尝试的东西是有限的，所以去观察别人，学习周围人的经验和教训，也是必不可少的。

希望这本书对于你来说，是一个新的开始。你在读书的过程中，是不是已经形成了自己的行动计划？如果还没有，不妨拿起笔来，勾勒出下一月、下一年、下一个十年你提升自己的蓝图，然后，开始在每天的生活和工作中，加入一点点成长的元素。你不需要突然大刀阔斧地改变自己，也不需要一下子重新设计你的生活。你需要的是每天有一点点的不同。一年之后，你再回头和之前的自己比较，就会发现让你惊喜的变化。

写这本书的整个过程，也是我自己学习、思考、反省和总结的过程。这个过程不会因为这本书的完稿而结束，而是会继续下去，并且变得更有意义、更精彩，因为现在有了你的加入。如果你愿意和我一起继续思考和成长，请关注我的微信公众号DoWhatsRightForYou。我会定期和你分享自己的思考，也期待与你开启更深层次的交流和互动。

让我们一起成长，一起构建一个属于自己的美丽人生。当我们满头白发的时候，回想过去，也能为自己走过的路而骄傲。

胡　珉

2017年1月